U0213454

临夏古树名木

LINXIA GUSHU MINGMU

马健美　主编

甘肃科学技术出版社

甘肃·兰州

图书在版编目（CIP）数据

临夏古树名木 / 马健美主编． -- 兰州：甘肃科学
技术出版社，2024．7. -- ISBN 978-7-5424-2983-4

Ⅰ．S717.242.2

中国国家版本馆CIP数据核字第2024Y2F294号

临夏古树名木

马健美　主编

责任编辑　杨丽丽
装帧设计　刘　君　马健美

出　版　甘肃科学技术出版社
社　址　兰州市城关区曹家巷1号　　730030
电　话　0931-2131576　（编辑部）　0931-8773237　（发行部）

发　行　甘肃科学技术出版社　　印　刷　兰州万易印务有限责任公司
开　本　880mm×1230mm　1/16　　印　张　19.25　字　数　390千
版　次　2024年7月第1版
印　次　2024年7月第1次印刷
印　数　1~600
书　号　ISBN 978-7-5424-2983-4　　　　定　价　148.00元

编纂委员会

主　　编：马健美

编写人员：李云科　武　斌　李小娟　赵小霞　马海霖　陶　红　韩　莹
　　　　　梁海龙　慈仪明　徐东升　梁克伟　郭　亮　罗春霞　妥旭红
　　　　　卫立娟　吴雪松　何建云　陈临杰

调查人员：郭　亮　徐东升　胡玉宏　梁克伟　田　炜　王　辉　高连孝
　　　　　郭光明　唐士忠　曾华强　汪佐茂　韩文平　李临虎　王化兰
　　　　　龙永礼　刘　伟　林海武　邓　星　高　庆　马春花　杨永林
　　　　　徐　刚　冯廷霞　宗文鹏　马廷栋　何永霞

摄　　影：常承源　李云科　冯光英　郭　亮　梁克伟　刘　君

审　　稿：马健美　常承源

序
XU

　　临夏历史久远，古有枹罕、河州的称谓，是齐家文化的发祥地。临夏境内山川险胜，林木葱郁，河川广布，得天独厚，是西北河湟地区历史上人文荟萃之地。多民族生息繁衍，具有丰富的民族文化背景。"万家花柳及春载"历来是当地的民俗风尚，至今仍保留着许多古树名木，和人文历史融为一体，展示着古河州历史的悠久与沧桑。

　　优渥的地理区位，勤劳热情的临夏人民，传承保护了上千株的古树名木，古树文化是生态文明的重要组成部分，是自然生态与人文精神的交汇，是区域文化底蕴的标志物。为弘扬民族文化，承载历史，记住乡愁，临夏州林草工作者冒着严寒酷暑、不辞辛苦、跋山涉水，历时五年多摸清了全州古树的分布位置、数量种类等基本情况，并为每棵单株及每处古树群挂牌并附二维码，古树有了"身份证"。

　　《临夏古树名木》一书选取了临夏州八县（市）最具代表性的古树名木240株，以图文并茂的形式将古树名木一树一态、一木一景表现出来，并将形态特征、保护级别、科属、树龄、胸围、编号、生长位置等内容做了如数家珍般的介绍，展现了临夏州古树名木之奇、之韵、之美，展示了临夏州古树名木保护工作之成效。

　　该书的出版是临夏州林业普查史上的一项重大成果，集权威性、知识性、科普性、专业性为一体，填补了临夏古树名木资源本底数据的空白，是临夏林草生态建设的重要标志。

　　在该书出版发行之际，我们由衷地期望，除了宣传保护好我们现有的古树名木、充分发挥好其价值外，还要倡议全社会提高热爱自然、敬畏生命理念，做好"绿色发展"的践行者，让"绿色遗产"世代相传。我相信书籍的出版将进一步促进临夏州古树名木保护工作，让古树名木成为生态文明发展的参与者、见证者。

　　在《临夏古树名木》撰写过程中，得到了各县市同仁的大力支持，在此，对编印过程中付出辛勤努力的领导及同仁致以最诚挚的谢意！

　　是为序。

前 言
QIANYAN

临夏回族自治州生长于黄河上游，甘肃省中部西南面，是全国两个回族自治州和甘肃两个少数民族自治州之一，成立于1956年11月，总面积8169平方千米，辖1市7县、123个乡镇、7个街道办、1090个行政村、102个社区，常住人口211.66万人，户籍人口244.85万人，有回族、汉族、东乡族、保安族、撒拉族等42个民族，东乡族和保安族是以临夏为主要聚居区的甘肃特有少数民族。临夏地处黄土高原向青藏高原过渡地带，北邻兰州，东邻定西，西邻青海省，南与甘南藏族自治州毗邻，州内地形复杂，河谷纵横，丘陵起伏，平均海拔2000m。临夏全境属黄河流域，自古以来就是黄河上游重要的水源补给区和生态安全屏障，也是"大禹治水"的源头。黄河自西北入境贯穿临夏北部，境内有洮河、大夏河、湟水河等支流。古时，临夏境内森林广布，明洪武末年《永乐大典》主编解缙游炳灵寺时写道："炳灵寺上山如削，柏树龙盘点翠微。"独特的地理环境和人文情怀，孕育了多姿多样、岁月葱茏的古树名木。

古树名木是绿水青山的一部分，是古老乡愁的具体载体，是自然界和祖先留给我们的珍贵遗产，是不可再生的自然和文化遗产，是了解社会历史进程的"活档案"，是探索古老文明的"活教材"，古树名木还蕴藏自然密码，是珍贵的基因资源，对林木良种选育具有重要利用价值。保护古树名木就是保护人类的生存环境，就是保护人类的精神家园，保护好古树名木对保护生态环境、遏制水土流失、促进黄河流域生态保护和高质量发展具有十分重要的意义。

为认真贯彻习近平生态文明思想，牢固树立"绿水青山就是金山银山"理念，全面贯彻实施好《临夏回族自治州古树名木保护管理条例》（2021年8月1日由临夏回族自治州人民代表大会常务委员会颁布），推进全州古树名木保护工作走向规范化、制度化、法制化轨道，根据州委、州政府的安排部署，州林草局全方位深度挖掘其生态、文化、旅游等价值，在全州林木种质资源调查的基础上，组织技术骨干先后开展了4次古树名木调查，上百名林业专业技术人员走遍了州内1000余个行政村97个社区，查阅了大量历史资料，进行了全面调查，对古树名木的科属、树龄、生长状况、生境、人文历史、民间传说等信息进行逐一登记，对生境、叶、花、果实等不同季节的照片进行跟踪拍摄。共调查登记造册古树名木 553 株（其中名木 6 株），其中一级古树名木 28 株、二级古树名木 52 株、三级古树名木 473 株。建立了较为系统完整的古树名木图文电子档案。古树涉及的主要树种有核桃、香椿、青杆、旱柳、辽东栎、卫矛、青杨、侧柏、杜梨、白榆、国槐、软儿梨、杏、花椒等。

由于年代久远、岁月更迭，古树栽植时间和历史传说殊难确证，一般从访问群众，查考古籍、碑记和古建筑获取第一手资料，加上测树调查和立地条件，综合推断树龄。其人文历史，凡有文字记载的，如实查考录用，对民间传说，做了必要的引申、缩略和文字处理。

由于此项调查工作量大以及资源调查者和本书编者的水平所限，定有不少遗漏和错误之处，在此恳请读者和同仁批评指正，以便今后修改，使之臻于完善。

编者

2023 年 7 月

目 录
CONTENTS

目 录
CONTENTS

目 录
CONTENTS

临夏古树名木 LINXIA GUSHU MINGMU

粗冠全州的冯家台绦柳

学　　名：绦柳	别　　名：倒柳　倒挂柳		
拉丁名：*Salix babylonica* L.	古树编号：6229010004		
科　　属：杨柳科　柳属	级　　别：一级	树　　龄：520年	

　　生长于临夏市折桥镇祁牟村文化广场内，地处北纬35°39′05.07″，东经103°14′58.08″，海拔1797m。古树树高15m，胸围1030cm，冠幅南北23m，东西19.8m，平均冠幅21.4m，生长环境好。长势正常，属落叶乔木。现用三角支架支撑保护。该树侧枝十分粗壮，主杆尤为粗大，与纤细下垂的柳条呈鲜明对照，加上深裂的树皮恰似饱经风霜的老妪，颜面皱纹叠身，垂发稀疏零散，大枝先端多已枯死，侧枝扭曲弯折地向外伸出，树势已渐衰颓，苍老古拙，树干粗冠临夏州，在甘肃省内也是少有的。相传，此树植于村前，群众以此为风脉树，世代保护，虽老犹存。

　　据《甘肃古迹名胜辞典》援引《河州志》（康熙46年本）记载："隆庆四年，参将张翼同知州聂守中，自土门关至九眼泉开凿疏通上下百十里，两岸共植树木二千本。"此树为当时遗存。

绦柳生物学特性：落叶大乔木，枝条细长，褐绿色，无毛，柔软下垂。喜光，耐寒性强，耐水湿又耐干旱。对土壤要求不严，干瘠沙地、低湿沙滩和弱盐碱地上均能生长。高可达20~30m，生长迅速；树皮组织厚，纵裂，老龄树干中心多朽腐而中空。冬芽线形，密着于枝条。叶互生，线状披针形，长7~15cm，宽6~12mm，两端尖削，边缘具有腺状小锯齿，表面浓绿色，背面为绿灰白色，两面均平滑无毛，具有托叶。花开于叶后，雄花序为荑荑花序，有短梗，略弯曲，长1~1.5cm。果实为蒴果，成熟后2瓣裂，内藏种子多枚，种子上具有一丛绵毛。

绦柳为垂柳的变型种，与垂柳的区别为绦柳的雌花有2腺体，而垂柳只有1腺体；绦柳小枝黄色，叶为披针形，下面苍白色或带白色，叶柄长5~8mm，而垂柳的小枝褐色，叶为狭披针形或线状披针形，下面带绿色。

产于东北、华北、西北、上海等地，多栽培为园林绿化树种。

名木—尚书柳（旱柳）

学　　名：旱柳		别　　名：柳树　直柳　河柳		
拉 丁 名：*Salix matstudans* Koidz.		古树编号：6229010008		
科　　属：杨柳科　柳属		级　　别：二级		树　　龄：400 年

　　生长于临夏市折桥镇祁牟村九眼泉小学门前，地处北纬 35°38′39.45″，东经 103°15′15.24″，海拔 1794m。古树树高 24m，胸围 742cm，冠幅南北 29m，东西 28m，平均冠幅 28.5m。土壤为黑土，生长环境较好。

　　"尚书柳"两株相邻，相距 10m，据传是王尚书的后辈所栽，庄毅公王竑（1413—1488），字公度，自号休庵，又号戆庵，祖籍湖北江夏，其祖父王俊卿戍边，携眷落籍河州。为明朝宪宗年间的兵部尚书，明代即被誉为"世之伟人，国之重臣""千古人豪，百世衡鉴"，后人多以"王尚书"称之。其为官清廉、刚直不阿、爱国爱民、力推改革，因怀才不遇，5 次上书后获准辞官故里，带领群众大面积种植柳树，现存两株是后辈为纪念王尚书所栽。

　　"尚书柳"虽历经流年，仍然枝繁叶茂，树体高大，分枝平展发达，枝叶交错连成一片，遮天蔽日，古树涵养当地水源，距离不远处有远近闻名的"九眼泉"渗水，纯净香甜。

　　旱柳生物学特性：乔木；小枝直立或开展，黄色，后变褐色，微有柔毛或无毛。叶披针形，长 5~8（~10）cm，边缘有明显锯齿，上面有光泽，沿中脉生绒毛，下面苍白，有伏生绢状毛；叶柄长 2~8mm，被短绢状毛；托叶披针形，边缘有具腺锯齿。总花梗、花序轴和其附着的叶均有白色绒毛；苞片卵形，外面中下部有白色短柔毛；腺体 2；雄花序长 1~1.5cm；雄蕊 2，花丝基部有疏柔毛；雌花序长 12mm；子房长椭圆形，无毛；无花柱或很短。蒴果 2 瓣裂开。分布在东北、华北、西北、安徽、江苏、华中、四川。生于河岸及高原。树皮可提制栲胶；枝条烧炭及供编织。可作行道树、防护树及庭园树；为早春蜜源植物。

名木—尚书柳（垂柳）

学　　名：垂柳	别　　名：柳树　倒栽柳		
拉丁名：*Salis babylonica* L.	古树编号：6229010009		
科　　属：杨柳科　柳属	级　　别：二级	树　　龄：300年

生长于临夏市折桥镇祁牟村九眼泉小学对面，土壤为黑土，别名垂枝柳、倒挂柳。此地海拔1792m，地处北纬 35°38′39.60″，东经103°15′15.33″。树高22m，胸围433cm，冠幅南北16m，东西23m、平均冠幅19.5m。从主干3m处分为两叉，树体高大，枝繁叶茂，树皮纵裂，生长在村镇路边。

垂柳生物学特性：落叶乔木，小枝细长，下垂，无毛，有光泽，褐色或带紫色。叶矩圆形、狭披针形或条状披针形，长9~16cm，宽5~15mm，先端渐尖或长渐尖，基部楔形，有时歪斜，边缘有细锯齿，两面无毛，下面带白色；叶柄长6~12mm，有短柔毛。花序轴有短柔毛；雄花序长1.5~2cm；雌花序长达5cm；子房无毛，柱头2裂。蒴果长3~4mm，带黄褐色。

产自长江流域与黄河流域，其他各地均栽培。在亚洲、欧洲、美洲各国均有引种。是城乡绿化、美化的优良树种，特别是春天的河畔、湖边"桃红柳绿"的景象，更是一道美丽的风景线。

树皮可提取栲胶；枝皮纤维可造纸；枝和须根祛风除湿，治筋骨痛及牙龈肿痛；叶、花、果能治恶疮等症。

妥家圆柏

学　　名：圆柏	别　　名：桧　桧柏	
拉 丁 名：*Sabina chinensis*（L.）Antoine	古树编号：6229010001	
科　　属：柏科　圆柏属	级　　别：一级	树　　龄：660年

生长于临夏市南龙镇妥家村五队清真寺院内，地处北纬35°36′45.85″，东经103°15′17.86″，海拔1803m。古树树高10m，胸围176cm，平均冠幅8.8m。近年来树势逐年衰弱，据说该树原有三主枝，其中两枝枯死后被砍除，根基已被水泥地面覆盖，现生长的主枝为原三主枝之一侧枝。主干1m处分两分枝，一侧树皮自然剥落。属常绿乔木。

圆柏生物学特性：常绿乔木；有鳞形叶的小枝圆形或近方形。叶在幼树上全为刺形，随着树龄的增长刺形叶逐渐被鳞形叶代替；刺形叶3叶轮生或交互对生，长6~12mm，斜展或近开展，下延部分明显外露，上面有两条白色气孔带；鳞形叶交互对生，排列紧密，先端钝或微尖，背面近中部有椭圆形腺体。雌雄异株。球果近圆形，直径6~8mm，有白粉，熟时褐色，内有1~4（多为2~3）粒种子。

分布广，南自广东、广西北部，北至辽宁、吉林和内蒙古，东自华东，西至四川和甘肃；朝鲜、日本也有分布。各地多作园林树种栽培。木材供建筑等用；枝叶入药，能祛风散寒、活血消肿、利尿；根、干、枝叶可提炼挥发油；种子可提炼润滑油。

王坪古榆

学　　名：白榆		别　　名：榆树　家榆	
拉 丁 名：*Ulmus pumila* L.		古树编号：6229010002	
科　　属：榆科　榆属		级　　别：三级	树　　龄：280年

　　生长于临夏市枹罕镇王坪村上坪社农田内，地处北纬35°32′43.71″，东经103°6′9.94″，海拔2068m。古树树高16m，胸围320cm，冠幅南北20m，东西21m，平均冠幅20.5m，树冠圆满，枝繁叶茂，主干树皮深裂，生于农田，长势良好，属落叶乔木。

　　白榆生物学特性：落叶乔木。叶椭圆状卵形或椭圆状披针形，长2~8cm，两面均无毛，间或脉腋有簇生毛，侧脉9~16对，边缘多具单锯齿；叶柄长2~10mm。花先叶开放，多数成簇状聚伞花序，生去年枝的叶腋。翅果近圆形或宽倒卵形，长1.2~1.5cm，无毛，种子生长于翅果的中部或近上部；柄长约2mm。

　　分布自东北到西北，从华南至西南（长江以南都系栽培）；朝鲜、俄罗斯和日本也有分布。枝皮纤维可代麻制绳、麻袋或作人造棉和造纸原料；树皮可制淀粉；嫩果、幼叶可食或作饲料；种子榨油；木材可作家具、农具；果实、树皮和叶入药能安神，治神经衰弱、失眠。

王坪老榆

学　　名：白榆		别　　名：榆树　家榆		
拉 丁 名：*Ulmus pumila* L.		古树编号：6229010003		
科　　属：榆科　榆属		级　　别：三级		树　　龄：280年

生长于临夏市枹罕镇王坪村上坪社10号居民门口，地处北纬35°32′51.96″，东经103°5′57.66″，海拔2086m。古树树高8m，胸围316cm，冠幅南北7.5m，东西7.5m，平均冠幅7.5m，生于路边，树干苍劲有力，树皮深裂，多处长有树瘤，主干分枝处已有空洞。树势衰弱，属落叶乔木。

瓦窑头老柳树

学　　名：垂柳	别　　名：柳树　倒栽柳	
拉丁名：*Salix babylonica* L.	古树编号：6229010005	
科　　属：杨柳科　柳属	级　　别：三级	树　　龄：200年

　　生长于临夏市城郊镇瓦窑头村刘家寺巷中部，地处北纬35°35′26.08″，东经103°11′16.4″，海拔1858m。古树树高20m，胸围477cm，冠幅南北30m，东西13m，平均冠幅16.5m，生长于巷内狭小围墙旁，长势良好，属落叶乔木。树体高大，树干通直。

八坊古柳

学　名：垂柳	别　名：柳树　倒栽柳
拉丁名：*Salis babylonica* L.	古树编号：6229010006
科　属：杨柳科　柳属	级　别：三级　　　　　　　树　龄：120年

　　生长于临夏市八坊办事处王寺坝口巷，地处北纬 35°44′16.04″，东经 102°47′21.44″，海拔 1850m。树高 18m，胸围 150cm，冠幅南北 10m，东西 10m，平均冠幅 10m。树干粗壮，树头因衰弱而截去，树皮褐色、深裂。生长于巷内狭小围墙旁，长势衰弱。落叶乔木。

大庄大树根老柳树

学　　名：旱柳	别　　名：柳树　直柳　河柳	
拉 丁 名：*Salix matstudans* Koidz.	古树编号：6229010007	
科　　属：杨柳科　柳属	级　　别：二级	树　　龄：450 年

生长于临夏市折桥镇大庄村大树根，地处北纬 35°38′38.42″，东经 103°14′38.00″，海拔 1797m。树高 22m，胸围 803cm，平均冠幅 26m。土壤为黑垆土，生于路边，树体高大，苍劲有力，树顶部分枝杆干枯，主干树瘤硕大。

据《甘肃古迹名胜辞典》援引《河州志》（康熙 46 年本）记载："隆庆四年，参将张翼同知州聂守中，自土门关至九眼泉开凿疏通上下百十里，两岸共植树木二千本。"此树为当时遗存。村庄因此树而得名。

北大街古柳

学　　名：旱柳	别　　名：柳树　直柳　河柳	
拉　丁　名：*Salix matstudans* Koidz.	古树编号：6229010011	
科　　属：杨柳科　柳属	级　　别：三级	树　　龄：100年

生长于临夏市八坊街道办北大街南侧，地处北纬35°35′42.10″，东经103°12′25.35″，海拔1832m。树高20m，胸围307cm，冠幅东西15m，南北11.4m，平均冠幅13.2m。生长于马路边，树干斜生。长势良好，落叶乔木。

平等路古柳

学　　名：旱柳	别　　名：柳树　直柳　河柳		
拉 丁 名：*Salix matstudans* Koidz.	古树编号：6229010013		
科　　属：杨柳科　柳属	级　　别：三级	树　　龄：100年

　　生长于临夏市城南办新华社区平等路中国银行门口，地处北纬35°35′51.40″，东经103°12′29.19″，海拔1844m。树高20m，胸围307cm，冠幅东西23m，南北20m，平均冠幅21.5m。生长于马路中，树干斜生。长势良好，落叶乔木。

红园广场刺槐

学　　名：刺槐	别　　名：洋槐	
拉 丁 名：*Robinia pseudoacacia* L.	古树编号：6229010014	
科　　属：豆科 刺槐属	级　　别：三级	树　　龄：100年

　　生长于临夏市红园广场，地处北纬35°35′47.45″，东经103°11′59.33″，海拔1843m。树高16m，胸围270cm，冠幅东西14.5m，南北16.5m，平均冠幅15.5m。生长于马路中，冠形优美，长势良好，落叶乔木。

刺槐生物学特性：落叶乔木，高10~25m，树皮褐色。羽状复叶；小叶7~25枚，互生，椭圆形、矩圆形或卵形，长2~5.5cm，宽1~2cm，先端圆或微凹，有小尖，基部圆形，无毛或幼时疏生短毛。总状花序腋生，序轴及花梗有柔毛；花萼杯状，浅裂，有柔毛；花冠白色，旗瓣有爪，基部有黄色斑点；子房无毛。荚果扁，长矩圆形，长3~10cm，宽约1.5cm，赤褐色；种子1~13粒，肾形，黑色。

　　原产美国。17世纪传入欧洲及非洲，中国于18世纪末从欧洲引入青岛栽培，现中国各地广泛栽植。各地引种作行道树或庭园栽培。种子含油约12%，可作肥皂及油漆原料；花含芳香油；嫩叶及花可食；树皮可造纸及人造棉；木材可制枕木、车、船；茎皮、根、叶供药用，有利尿、止血之效。

名木—上石槐树王

学　　名:国槐	别　　名:槐树　家槐	
拉 丁 名:*Sophora japonica* L.	古树编号:6229210001	
科　　属:豆科　槐树属	级　　别:一级	树　　龄:600年

　　生长于临夏县北塬乡上石村小学院内，地处北纬35°35′56.51″，东经103°14′9.62″，海拔2024m。黄绵土。树高24m，胸围425cm，冠幅东西30m，南北27.8m，平均冠幅28.9m。生长于操场中，地面被水泥硬化，环境开阔，长势良好，落叶乔木。树形优美，主干扭曲，部分木质部随主干扭曲而呈条状裸露。

　　古树历史：村里老人回忆，现上石家原是上刘家村，此树为明朝永乐年间骠骑将军刘昭（钊）随军迁徙至河州时植槐留念，槐树种由山西洪洞县引进。此树相传已有600余年历史。

　　碑原文记载为："今若稽古寻根，上石原有小寺，座落上西坡跟，上寺道通往。明朝立，洪武末骠骑将军河州镇守史刘昭（钊）滁州全椒人，领军近万，镇守河州，在镇卅余年，累进都督同知，携眷千余户，随军迁徙安置。军队三之一守御，三之二屯耕。当时万顷塬唯一车道草路坡，直通上石建屯寨。实行【就宽乡】移民政策。左侧千户所及屯兵往耕，右侧安排刘姓军眷居住。明军官大部来自淮西，俗有信教习惯。

刘公顺应民心、军心，于明永乐十年（公元一四一二年）创建慈云寺，三年峻工。尊迎三大古佛，群众敬香，佛光普照，感化人心，存善念，除邪恶，走正道，安民心，绝非图利谋私。寺门前培植槐树二株，周边种楸树多株，夏秋艳放红花。当移民远隔万里，迁居西北开拔之地——山西洪洞县广济寺大槐树下，集合登记，发证，官差护送之情景，植槐留念，寄托哀思，缅怀祖宗。清代中后期，兵燹多次，历史文献失落，群众受灾难，寺庙遭损毁。而民众力量巨大，前毁后修，历来如此。民国初，全村合力重修大殿、两厢、福神庙等，至十四年（公元一九二五年）修大门，邀请揄威将军河州镇守使裴建凖提写【慈云寺】三字砖雕镶于寺门。新中国立，利用殿堂办村学，改建上石小学。慈云寺另选地重建。尤其今年，本村志士仁人慷解义囊，信众共行善举。新建气势雄伟、肃穆壮观照壁、大门。归心净土，百年古刹增色生辉。"

国槐生物学特性：树冠圆形，树皮灰黑色，小枝初期有毛。羽状复叶，长 15~25cm，小叶 9~15，卵状矩圆形或卵形，长 2~5cm，宽 1.5~2.5cm，上面深绿色，下面淡绿色，疏被短毛。圆锥花序顶生，长 8~20cm，花梗长 4~10mm，花冠蝶形，黄绿色或乳白色，旗瓣宽心形，长约 15mm，宽与长近相等，先端稍凹入，翼瓣矩圆形，爪为瓣片的 1/3，龙骨瓣较翼瓣小，爪紫色；雄雌 10，不等长，子房疏被短柔毛。荚果长 3~8cm，肉质，无毛，串珠状，不裂，种子间缢缩，种子 1~6 颗，肾形，千粒重 125~167g。在中国北方，槐树在 7 月至 9 月上旬为花期；9~10 月结果；10~11 月果熟，果熟后不脱落，采种较方便；11 月落叶，绿叶期很长。树冠庞大，枝叶茂密。在适宜的环境中生长较快，一年生苗木高达 1m 以上，7~8 年生幼树高达 4~5m，胸径 5~6cm，20 年生者胸径可达 15~20cm。

国槐以其树体高大、颜色浓绿、树形美观，自古以来就是中国绿化、观赏树种之一，用于城市美化，能净化空气、减少噪声。花期长，花多，是优良的蜜源植物。

地理分布：原产中国及朝鲜。目前在中国南北广为栽培，尤以华北及黄土高原生长繁茂；越南、日本、朝鲜也有栽培。

名木—上石槐树

学　　名：国槐		别　　名：槐树　家槐	
拉 丁 名：*Sophora japonica* L.		古树编号：6229210002	
科　　属：豆科　槐树属		级　　别：一级	树　　龄：600年

生长于临夏县北塬乡上石村小学院内，地处北纬35°35′56.51″，东经103°14′9.62″，海拔2062m。平地，黄绵土，生长环境好。树高18.5m，胸围520cm，冠幅东西29.2m，南北24.2m，平均冠幅26.7m，生长势正常，落叶乔木。树体高大、挺拔，树形优美，主干粗壮。

古树历史与槐树王相同。

赵官寨国槐

学　　名：国槐		别　　名：槐树　家槐		
拉 丁 名：*Sophora japonica* L.		古树编号：6229210003		
科　　属：豆科　槐树属		级　　别：一级		树　　龄：600年

生长于临夏县先锋乡赵官村。地处北纬35°41′9.84″，东经103°12′55″，海拔1948m。树高15m，胸围300cm，冠幅东西10.4m，南北12.7m，平均冠幅11.55m。平地，黄绵土。主干遒劲有力，木质部部分裸露，生长于围墙边，长势良好。落叶乔木。

古树历史：据史料记载，该村赵氏族人于洪武十年（公元1377年）奉旨遣戍西徼，随卫指挥使徐景来河州，驻守丝绸古道之唐尉迟恭所筑长城，并于古城之南种槐榆，安家落户，繁衍生息。树木奇特性状描述：此树原在厨房内生长，树干1m处空洞较大，树皮没有愈合。此树近5年经县乡协调，采取拓展生长空间措施后，长势逐步好转。

关滩龙头河老杨树

学　　名：冬瓜杨	别　　名：大官杨
拉 丁 名：*Populus pordomii* Rehd	古树编号：6229210004
科　　属：杨柳科　杨属	级　　别：三级　　　　　　　　树　　龄：150年

生长于临夏县麻尼寺沟乡关滩村龙头河。地处北纬35°31′50.23″，东经102°51′22″，海拔2448m。黑垆土，生长环境好。树高32m，胸围266cm，冠幅东西16.8m，南北17m，平均冠幅16.9m，长于山顶，树干从基部呈三分枝，伴生两株杨树，长势良好。落叶乔木。

冬瓜杨生物学特性：落叶乔木，高20~25m，树冠卵圆形。性喜温凉湿润气候，较耐寒耐瘠，但对土壤水分要求较严。树皮幼时灰绿，老时暗灰色，片状纵裂。芽尖长，先端内弯无毛，有黏质叶卵形或宽卵形，长7~15cm，宽4~10cm，先端渐尖，基部圆或近心形，叶缘密生细锯齿或圆锯齿，齿端有腺点，具缘毛，表面亮绿，背面带白色，叶脉初期有毛，叶柄圆柱形。果穗长20~25cm，无毛蒴果球状卵形，无梗或近无梗。花期4~5月，果期5~6月。

大庙山迎客松

学　　名：华山松	别　　名：白松　五须松　青松　五叶松
拉丁名：*Pinus armandii* Franch.	古树编号：6229210005
科　　属：松科　松属	级　　别：三级　　　　　　树　　龄：160年

　　生长于临夏县马集镇庙山村大庙山，地处北纬35°28′26.13″，东经103°1′48.59″，海拔2062m。黄绵土。常绿乔木，树高17m，主干高度4.5m，胸围160cm，冠幅东西12m，南北8.8m，平均冠幅10.4m。长势中庸，生长于坡边小庭院内，树基生长空间小，生境较差，干基部分树皮遭破坏。据说此树从陕西移植于此，已生长160余年。

　　华山松生物学特性： 常绿乔木，一年生枝绿色或灰绿色，干后褐色或灰褐色，无毛；冬芽褐色，微具树脂。针叶5针一束（稀6~7针），较粗硬，长8~15cm；树脂管3个，背面2个边生，腹面1个中生；叶鞘早落。球果圆锥状长卵形，长10~22cm，直径5~9cm，熟时种鳞张开，种子脱落；种鳞的鳞盾无毛，不具纵脊，鳞脐顶生，形小，先端不反曲或微反曲；种子褐色至黑褐色，无翅或上部具棱脊，长1~1.8cm，直径0.6~1.2cm。

　　分布于山西、河南、陕西、甘肃、四川、贵州、云南西北部和西藏东部及南部。材质优良耐腐，供建筑、枕木用材；种子含油约42%，食用和供制硬化油；还可提取树脂、挥发油及栲胶等物质。

关滩古杨树

学　　名：冬瓜杨		别　　名：大官杨		
拉丁名：*Populus pordomii* Rehd.		古树编号：6229210006		
科　　属：杨柳科　杨属		级　　别：三级		树　　龄：150年

生长于临夏县麻尼寺沟乡关滩村龙头河。地处北纬35°31′50.23″，东经102°51′36.98″，海拔2415m。黑垆土，树高22m，胸围260cm，冠幅东西16.2m，南北16.4m，平均冠幅16.3m，生于坡顶，孤生，长势良好。落叶乔木。

唐家外老杨树

学　　名：青杨	别　　名：家白杨　苦杨	
拉 丁 名：*Populus cathayana* Rehd.	古树编号：6229210007	
科　　属：杨柳科　杨属	级　　别：三级	树　　龄：150 年

生长于临夏县漫路乡唐家外村唐家垭壑。地处北纬 35°25′19.18″，东经 103°07′5.85″，海拔 2210m。黑垆土，落叶乔木，该树长于山顶，长势较差。树高 21m，胸围 176cm，冠幅东西 16m，南北 15.8m，平均冠幅 15.9m。

青杨生物学特性： 落叶乔木，高达 30m；树皮灰绿色，初光滑，老时暗灰色，纵裂；小枝橘黄色或灰黄色，无毛；冬芽长圆锥形，无毛，多黏液。短枝的叶卵形、椭圆状卵形、椭圆形或窄卵形，长 4.5~10cm，宽 3~5cm，最宽处在中部以下，先端渐尖或突渐尖，基部圆形或宽楔形；叶柄长 2~6cm，微有毛；长枝或萌发枝的叶较大，长 10~20cm。雄花序长约 5~6cm，苞片边缘条裂，雄蕊 30~35；雌花序长 4~5cm，苞片边缘条裂。蒴果无毛，3~4 瓣裂开。

分布在华北、西北、辽宁、四川、西藏。生于海拔 1500~2600m 的沿沟谷、河岸和阴坡山麓。

辛家台古柳

学　名：垂柳	别　名：柳树　倒栽柳	
拉丁名：*Salix babylonica* L.	古树编号：6229210008	
科　属：杨柳科　柳属	级　别：三级	树　龄：180年

　　生长于临夏县新集镇古城辛家台下社，地处北纬35°31′30.31″，东经103°5′55.06″，海拔2217m，黄绵土，落叶乔木，树高10m，胸围360cm，冠幅东西12m，南北11m，平均冠幅15.9m，该树生长于巷道内，树干斜生，树盘较小，长势较弱。

杨坪大柳树

学　名：旱柳	别　名：柳树　直柳　河柳		
拉丁名：*Salix matsudana* Koidz.	古树编号：6229210009		
科　属：杨柳科　柳属	级　别：三级	树　龄：180 年	

　　生长于临夏县新集镇杨坪村四社 68 号门前。地处北纬 35°30′6.99″，东经 103°2′40.43″，海拔 2217m。黄绵土，落叶乔木。生长于围墙边，树体倾斜，树皮受机械损伤较大。树高 10m，胸围 320cm，冠幅东西 10.7m，南北 9.8m，平均冠幅 15.9m，长势一般。

大鲁家大松树

学　　名：青杆	别　　名：细叶云杉　魏氏云杉　华北云杉	
拉 丁 名：*Picea wilsonii* mast.	古树编号：6229210010	
科　　属：松科　云杉属	级　　别：三级	树　　龄：280年

生长于临夏县土桥镇大鲁家村六社。地处北纬35°22′18.48″，东经103°6′12.24″，海拔2016m。黄麻土，常绿乔木。生长于宅旁，树高26m，胸围260cm，冠幅东西14.5m，南北11.9m，平均冠幅13.2m，树干通直，树体高大挺拔，长势旺盛。

青杆生物学特性：常绿乔木；树皮灰色或暗灰色，裂成不规则小块片脱落；小枝上有木钉状叶枕，基部宿存芽鳞紧贴小枝；芽卵圆形；一年生枝淡黄色或淡黄灰色，无毛，稀被毛，二年生枝呈淡灰色或灰色。叶在主枝上辐射状斜展，侧枝两侧和下面的叶向上伸展，锥形，长0.8~1.5cm，先端尖，横切面菱形或扁菱形，四面各有气孔线4~6条。球果单生侧枝顶端，下垂，卵状圆柱形，长4~7cm，直径2.5~4cm，熟前绿色，熟后淡黄褐色至淡褐色；种子上端具倒卵状膜质长翅。

分布于河北（小五台山、雾灵山）、山西（五台山、管涔山）、陕西南部、湖北西部、甘肃南部和四川北部。木材供建筑、家具及造纸等用，叶含挥发油，树皮可提取栲胶。

钱家村古榆树

学　　名：白榆		别　　名：榆树　家榆		
拉 丁 名：*Ulmus pumila* L.		古树编号：6229210011		
科　　属：榆科　榆属		级　　别：三级		树　　龄：150年

生长于临夏县北塬乡钱家村许家社。地处北纬35°37′44″，东经103°12′51″，海拔1998m。黄绵土，生长于巷道内、宅旁。树高13m，胸围295cm，冠幅东西18.8m，南北19.4m，平均冠幅19.1m，长势旺盛。据说，该树为清朝的官树，原先有两棵，此树是一棵大树遭砍伐后生长起来的。

袁家庄古榆

学　　名：白榆		别　　名：榆树　家榆	
拉 丁 名：*Ulmus pumila* L.		古树编号：6229210012	
科　　属：榆科　榆属		级　　别：三级	树　　龄：110年

　　生长于临夏县新集镇苗家村袁家庄二社。地处北纬35°32′16.50″，东经103°6′11.43″，海拔1998m。黄绵土，落叶乔木，生长于村庄路旁，地势开阔，树冠圆满，长势旺盛。树高22.2m，胸围235cm，冠幅东西20.2m、南北19.0m，平均冠幅19.6m。

古城大松树

学　　名：青杆	别　　名：细叶云杉　魏氏云杉　华北云杉	
拉 丁 名：*Picea wilsonii* mast.	古树编号：6229210013	
科　　属：松科　云杉属	级　　别：三级	树　　龄：160年

生长于临夏县新集镇古城村马家社。地处北纬35°30′40.51″，东经103°6′9.36″，海拔2002m。黄麻土，常绿乔木，生长环境良好。树高25m，胸围170cm，冠幅东西9.3m、南北 9m，平均冠幅9.15m，树体通直高大，长势旺盛。

古树历史：据树主人王洁说，此树是其太爷王亨逊于咸丰年间从太子山移植至此，已经历八辈人，约160年。

临夏县烈士陵园柏树群落

学　　名：侧柏	别　　名：扁柏　柏树	
拉 丁 名：*Biota orientalis*（L.）Endl.	古树编号：6229210014~6229210018、6229210037	
科　　属：柏科　侧柏属	级　　别：三级	树　　龄：120年

　　生长于临夏县韩集镇县烈士陵园（原民国时期马福祥的花园），地处北纬35°29′32.84″，东经102°59′48.6″，海拔2142m。黑垆土。此群落有6株侧柏，生长环境良好。

　　马福祥（1876—1932），字云亭，回族，甘肃河州（今临夏）韩集阳洼山人。1912年马福祥被任命为宁夏镇总兵，率军赴任，自此开启了马氏家族对宁夏长达37年的统治。以马福祥及其侄马鸿宾、子马鸿逵为核心的宁马军事集团成为民国年间左右西北政局的重要力量。

古树1:

古树编号：6229210014

　　树高9.9m，基围210cm，冠幅东西11m、南北10.9m，平均冠幅11m，长势旺盛。

古树2：

古树编号：6229210015

　　树高 11.1m，基围240cm。冠幅东西9.5m，南北11.1m，平均冠幅10.3m，长势旺盛。

古树3：

古树编号：6229210016

树高8.7m，基围180cm。冠幅东西8.1m，南北10.1m，平均冠幅9.1m，长势良好。

古树4：

古树编号：6229210017

树高8.4m，基围180cm。冠幅东西7m，南北10.1m，平均冠幅8.6m，长势旺盛。

古树5：

古树编号：6229210018

树高 8.2m，基围 190cm。冠幅东西 7.1m，南北 6.5m，平均冠幅 6.8m，长势旺盛。

临夏县烈士陵园窝窝果群落

学　　名：窝窝果　　　　　　　　　　拉 丁 名：*Pyrus ussuriensis* Maxim
古树编号：6229210019~6229210022、6229210031~6229210033、6229210036、
　　　　　6229210038~6229210041
科　　属：蔷薇科 梨属　　　　　　　级　别：三级　　　　　　树　龄：120年

生长于临夏县韩集镇烈士陵园（原民国时期马福祥的花园）。地处北纬35°29′33.19″，东经102°59′48.86″，海拔2142m。黑土，生长环境良好，属临夏州乡土品种，9月上旬成熟，果实扁圆，黄绿色，味香甜可口，不易储藏，此群落中共有8株，散生。

临夏县烈士陵园皮胎果群落

学　　名：皮胎果		别　　名：剥皮梨　酸巴梨　芽面包	
拉　丁　名：*Pyrus sinkjorgensis* Yü		古树编号：6229210023、6229210030、6229210034	
科　　属：蔷薇科　梨属		级　　别：三级	树　　龄：120年

　　生长于临夏县韩集镇烈士陵园（原民国时期马福祥的花园）。地处北纬35°29′33.19″，东经102°59′48.86″，海拔2142m。黑垆土，生长环境良好。属临夏州乡土品种，主要栽培于临夏州和政县，近年来，在临夏市、临夏县、广河县、康乐县等地也有栽培。海拔2100~2400m，皮胎果是一种独特的古老树种，果味酸甜、性温，含有多种氨基酸、糖类、维生素和钾、钙、铁等微量元素，是一种独具地方特色的绿色果品。具有树势强健、寿命长、抗病虫害、适应性强、对土壤要求不严、喜阴湿耐寒等特点。皮胎果具有养胃润肺、消渴止咳、软化血管等多种功效。此群落有3株。

　　皮胎果生物学特性：系蔷薇科梨属秋子梨系统的一个地方栽培品种。落叶乔木，高达15m；小枝粗壮，老时变为灰褐色。叶片卵形至宽卵形，长5~10cm，宽4~6cm，先端短渐尖，基部圆形或近心形，稀宽楔形，边缘有带长刺芒状尖锐锯齿，两面无毛或在幼时有绒毛；叶柄长2~5cm。花序有花5~7朵；总花梗和花梗幼时有绒毛；花梗长2~5cm；花白色，直径3~3.5cm；萼筒外面无毛或微生绒毛，裂片三角状披针形，外面无毛，内面密生绒毛；花瓣卵形或宽卵形；花柱5，离生，近基部具疏生柔毛。梨果近阔卵形，黄色，直径4~6cm，萼裂片宿存，基部微下陷，果梗长3~4cm。

梁家山古柳

学　　名：旱柳	别　　名：柳树　直柳　河柳	
拉 丁 名：*Salix matsudana* Koidz.	古树编号：6229210024	
科　　属：杨柳科　柳属	级　　别：三级	树　　龄：110年

生长于临夏县新集镇杨坪村六社，地处北纬35°29′32.14″，东经103°2′44.52″，海拔2203m。黄麻土，生长环境良好。树高22.9m，胸围353cm，冠幅东西19.5m，南北19.7m，平均冠幅19.6m，长势旺盛。

夹塘古榆

学　　名:白榆	别　　名:榆树　家榆		
拉丁名:*Ulmus pumila* L.	古树编号:6229210025		
科　　属:榆科　榆属	级　别:三级	树　龄:180年	

生长于临夏县新集镇夹塘村尕庙背后。地处北纬35°30′10.51″，东经103°3′37.96″。海拔2085m。沙土，阳坡，生长环境良好。树高18.3m，胸围305cm，冠幅东西14.2m，南北19m，平均冠幅16.6m，树皮苍老、深裂，长势一般。

马九川老槐树

学　名：国槐	别　名：槐树　家槐	
拉 丁 名：*Sophora japonica* L.	古树编号：6229210026	
科　属：豆科　槐属	级　别：三级	树　龄：200 年

　　生长于临夏县尹集镇马九川村白家寺山门前。地处北纬 35°30′25.67″，东经 103°7′16.39″。海拔 2076m。南坡，黑垆土，生长环境良好。树高 21.6m，胸围 310cm，冠幅东西 21.5m，南北 15.5m，平均冠幅 18.5m，树冠庞大，长势旺盛。

赵牌古榆

学　　名：白榆	别　　名：榆树　家榆	
拉 丁 名：*Ulmus pumila* L.	古树编号：6229210027	
科　　属：榆科 榆属	级　　别：三级	树　　龄：200年

　　生长于临夏县新集镇赵牌村七社。地处北纬35°31′2.30″，东经103°3′37.11″，海拔2194m。黑麻土，生长环境良好。树高15.7m，胸围390cm，冠幅东西18.8m，南北17m，平均冠幅17.9m，主干粗壮，树皮深裂，长势一般。

　　据70岁老人王庆录说，他的太奶奶在世时此树就这么大。

杨坪大杨树

学　　名: 青杨	别　　名: 家白杨　苦杨
拉 丁 名: *Populus cathayana* Rehd.	古树编号: 6229210028
科　　属: 杨柳科　杨属	级　　别: 三级　　　　　　树　　龄: 150年

生长于临夏县新集镇杨坪村四社。地处北纬 35°30′6.99″，东经 103°2′40.43″，海拔 2217m。孤生，黄绵土，生长于村庄路边。树高 13m，胸围 90cm，冠幅东西 14m，南北 16m，平均冠幅 15m。长势良好。

临夏县烈士陵园软儿梨

拉 丁 名: *pyrus ussuriensis* "Ruanerli"		古树编号: 6229210029
科　属: 蔷薇科 梨属	级　别: 三级	树　龄: 120年

生长于临夏县韩集镇烈士陵园。地处北纬 35°29′33.19″，东经 102°59′48.86″，海拔 2140m。黑垆土，生长环境良好。树高 9.5m，胸围 215cm，冠幅东西 7.2m，南北 5.9m，平均冠幅 6.6m，生境良好。

软儿梨生物学特性：深根性树种，干性强，层性明显，枝条早期生长一般较直立，以后随着枝条生长加快和抽枝增多以及产量增加，树冠逐渐开张，一般定植后 3 年开始结果，7~8 年进入盛果期。经济结果寿命长，一般在 100~200 年。梨树的花芽分化一般分两个阶段，即生理分化阶段和形态分化阶段。生理分化一般在芽鳞形成的一个月时间内基本完成，以后即进入形态分化阶段，到 10 月，形态分化完成。主要分布在兰州的什川镇，丰产性好。在初熟时软儿梨颜色呈青黄色、味微酸，进行低温贮藏后，果皮会变成黑色，俗称"冻梨"。食用时，将冻梨浸泡在凉水中，待表层出现一层薄冰壳后，梨肉变软，然后破冰剥皮吮食，果肉为泥，香甜无比。它的汁液清香、醇甜、冰凉、爽口、沁人心脾。在立春前后，人们最易患咳嗽、哮喘等呼吸道疾病，食用软儿梨可以使患者病症减轻、呼吸畅通，具有清热、润肺、止咳的功效。

临夏县烈士陵园酸梨

学　　名：木梨	别　　名：酸梨　尕红果	
拉丁名：*pyrus xerophila* Yü	古树编号：6229210035	
科　　属：蔷薇科　梨属	级　　别：三级	树　　龄：120年

生长于临夏县韩集镇烈士陵园。地处北纬35°29′33.19″，东经102°59′48.86″，海拔2140m。黑垆土，生长环境良好。树高10m，胸围215cm，冠幅东西4.1m，南北7.4m，平均冠幅5.7m，长势良好。

木梨生物学特性：乔木，高达8~10m；小枝粗壮，灰褐色，幼时无毛或有稀疏柔毛。叶片卵形或长卵形，稀矩圆状卵形，长4~7cm，宽2.5~4cm，边缘有圆钝锯齿，两面均无毛；叶柄长2.5~5cm，无毛。伞形总状花序，有花3~6朵，总花梗和花梗初均疏生柔毛，后脱落；花梗长2~3cm；花白色，直径2~2.5cm；萼筒无毛或近于无毛，裂片5，三角状卵形，内面密生绒毛；花瓣宽卵形；雄蕊20，比花瓣稍短；花柱5，稀4，离生。梨果卵形或椭圆形，直径1~1.5cm，褐色，有稀疏斑点，萼裂片宿存，4~5室，果梗长2~3.5cm。

分布在山西、陕西、河南、甘肃。生于海拔500~2000m的山坡或灌丛中。

花椒谷花椒群落

学　　名：花椒		别　　名：椒树　椒子	
拉 丁 名：*Robinia bungeanum* Maxim.		古树编号：6229210038~6229210041	
科　　属：芸香科　花椒属		级　　别：三级	树　　龄：100年

　　此群落位于临夏县莲花镇鲁家村上沟，共有4株，均为刺椒，是20世纪二三十年代为原鲁家八社已故老人鲁昔元（140岁）老人所栽。20世纪50年代土改时并入鲁家村二社，60年代后期水库蓄水前在炳灵寺、莲花等地已栽植成片的花椒林，特别是鲁家村上沟、贾家山等地均栽植有花椒，80年代后期又分属鲁家八社，现分别由鲁丕林、鲁丕录、鲁丕智、鲁孝周四家管理。90年代后期，莲花镇花椒得到大面积发展，成为如今的花椒谷。莲花镇成为临夏花椒的主产栽培区。

　　生物学特性：刺椒树在盛果期树高3~5m，树势旺盛，生长迅速，分枝角度小，树姿半开张，树冠半圆形。当年新梢红色，一年生枝紫褐色，多年生枝灰褐色，皮刺基部宽厚，先端渐尖。叶片广卵圆形，叶色浓绿，叶片较厚而有光泽。果实8月中旬至9月上旬成熟，成熟的果实深红色，表面疣状腺点突出明显，果柄短，果穗紧密，果实颗粒大。

古树1：

古树编号：6229210038

　　生长于临夏县莲花镇鲁家村上沟，地处北纬35°43′53.75″，东经103°7′23.63″，海拔1870m。黄沙土，生长环境良好。树高3.2m，地围1.60m。冠幅东西5m，南北8.3m，平均冠幅6.65m。长势良好。

古树2：

古树编号：6229210039

　　生长于临夏县莲花镇鲁家村上沟，地处北纬 35°43′54″，东经 103°7′24.24″，海拔 1868m。黄沙土，生长环境良好。树高 3.6m，地围 1.60m。冠幅东西 7.3m，南北 8.6m，平均冠幅 7.95m，长势良好。

古树3：

古树编号：6229210040

生长于临夏县莲花镇鲁家村上沟，地处北纬35°43′55.10″，东经103°7′24.67″，海拔1865m。黄沙土，生长环境良好。树高3.5m，地围1.46m。冠幅东西6.1m，南北7.6m，平均冠幅6.85m。长势良好。

古树4:

古树编号: 6229210041

　　生长于临夏县莲花镇鲁家村上沟,地处北纬 35°43′54.81″, 东经 103°7′24.10″, 海拔1862m。黄沙土, 生长环境良好。树高3.3m, 地围1.80m。冠幅东西7.1m, 南北7.3m, 平均冠幅7.2m。长势良好。

余王庄"扎庄"树

学　　名：白榆	别　　名：榆树　家榆		
拉 丁 名：*Ulmus pumila* L.	古树编号：6229210042		
科　　属：榆科　榆属	级　　别：三级	树　　龄：160 年

　　生长于临夏县土桥镇大鲁家村余三社。地处北纬 35°22′4.476″，东经 35°22′4.476″，海拔 2060mm。黄绵土，生长在村道宅旁。树高 15.0m，胸围 300cm，冠幅东西 17.4m，南北 22.7m，平均冠幅 20.5m。枝繁叶茂，树冠庞大，长势良好。

　　古树历史：根据当地村民李虎生祖父回忆，此树可能栽植于 1860 年左右；1980 年在立牌时记载，此树在民国四年时胸径有 100cm 左右。

桩粗如台的河崖辽东栎

学　　名：辽东栎	别　　名：青冈　柴树	
拉 丁 名：*Quercus liaotungensis* Koidz.	古树编号：6229270001	
科　　属：壳斗科　栎属	级　　别：一级	树　　龄：560年

　　生长于积石山县刘集乡河崖村委会马家咀，河谷台地边缘下部，南坡，坡度8°。此地海拔2210m，地处北纬35°44′16.01″，东经102°47′21.45″。黑钙土，生长环境一般。地下水较深，约13m。年降水量在600mm以上。树高16m，冠幅东西10.9m，南北11.1m，平均冠幅11m。树桩粗大，基围500cm，其上着生两个大枝，其中一枝于30年前被伐，现存大枝基围180cm，长势良好。树冠呈卵圆形，枝角较小。

　　此树一侧原为龙王庙，互为映衬，成为当地一景，被村民称为该村补"风脉"的"神树"，虽经劫难而保留至今。其基干之粗大，当属甘肃省内生长的辽东栎中最大的一株。

　　辽东栎生物学特性：落叶乔木，高5~10m；幼枝无毛，灰绿色。叶倒卵形至椭圆状倒卵形，长5~17cm，宽2.5~10cm，先端圆钝，基部耳形或圆形，边缘有5~7对波状圆齿，幼时沿叶脉有毛，老时无毛，侧脉5~7对；叶柄长2~4mm。壳斗浅杯形，包围坚果约1/3，直径1.2~1.5cm，高约8mm；苞片小，卵形，扁平；坚果卵形至长卵形，直径1~1.3cm，长1.7~1.9cm，无毛；果脐略突起。

　　分布于黄河流域和东北各省。生于600~2000m的山坡林中。种子含淀粉，壳斗、树皮和叶均含鞣质。

风林关古榆

学　　名：白榆	别　　名：榆树　家榆		
拉 丁 名：*Ulmus pumila* L.	古树编号：6229270002		
科　　属：榆科　榆属	级　　别：一级	树　　龄：510年	

　　生长于积石山县安集乡风林村马家咀社，中坡，黄褐土，生长环境良好。此地海拔2266m，地处北纬35°45′47.45″，东经102°59′24.99″。树高17m，胸围534cm，冠幅东西15m，南北13m，平均冠幅14m。主干粗壮，树皮苍老深裂。

关集古榆

学　　名：白榆		别　　名：榆树　家榆		
拉丁名：*Ulmus pumila* L.		古树编号：6229270003		
科　　属：榆科　榆属		级　　别：一级		树　　龄：520年

生长于积石山县关家川乡关集村，生长在村内宅旁。此地海拔2240m，地处北纬35°46′20.20″，东经102°57′8.01″。黄绵土，树高14.4m，胸围580cm，冠幅东西7.1m，南北6.9m，平均冠幅7m。主干2.2m处有分枝，树皮深裂，主干粗壮，主干一侧已有高2.5m、宽0.9m的空洞。

冠被盈亩的蛋皮核桃王

学　　名：胡桃	别　　名：绵核桃　波斯胡桃
拉　丁　名：*Juglans regia* L.	古树编号：6229270005
科　　属：胡桃科　胡桃属	级　　别：二级　　　　　树　　龄：380年

　　生长于积石山县大河家镇周家村八社，河谷一级阶地，海拔1795m，地处北纬35°50′52.71″，东经102°47′13.79″。灌耕土，生长条件良好。树高20m，胸围570cm，冠幅东西33m，南北37m，平均冠幅35m，落叶乔木。

　　该树体形巨大，树冠覆盖面积达594m²，树势旺盛，浓荫蔽日，极具观赏性。主枝5个，与主干呈90°水平伸出，生长粗壮，最粗一枝基部围长280cm。由于冠幅极大，长势旺盛，至今仍可年产核桃250~300kg。核桃果皮薄如纸，轻压即破，俗称鸡蛋皮核桃。

　　该树生长海拔之高、树体之大、果皮之薄堪称甘肃省"核桃之最"。在周边地区很有名气，被当地人称为"核桃王"。

　　据传，这棵树是宋朝时期有一个叫"卧里阿爷"的人从陕西迁居大河家时带过来的，大概有几百年的历史，当地群众称它为"卧里核桃"。

　　核桃生物学特性：落叶乔木，高达20~25m；树冠广阔；树皮幼时灰绿色，老时则灰白色而纵向浅裂；小枝无毛，具光泽。奇数羽状复叶长25~30cm，叶柄及叶轴幼时被有极短腺毛及腺体；小叶通常5~9枚，稀3枚，椭圆状卵形至长椭圆形，长约6~15cm，宽约3~6cm，顶端钝圆或急尖、短渐尖，基部歪斜，近于圆形，边缘全缘或在幼树上者具稀疏细锯齿，上面深绿色，无毛，下面淡绿色，侧生小叶具极短的小叶柄或近无柄，生于下端者较小，顶生小叶常具长3~6cm的小叶柄。雄性葇荑花序下垂，长5~10cm、稀达15cm。雄花的苞片、小苞片及花被片均被腺毛；雄蕊6~30枚，花药黄色，无毛。雌性穗状花序通常具1~3（4）雌花。具1~3果实；果实近于球形，直径4~6cm，无毛；果核稍具皱褶，有2条纵棱，顶端具短尖头；隔膜较薄，内里无空隙；内果皮壁内具不规则的空隙或无空隙而仅具皱曲。花期5月，果期9月。

　　产于中国华北、西北、西南、华中、华南和华东。分布于中亚、西亚、南亚和欧洲。生于海拔400~1800m之山坡及丘陵地带，中国平原及丘陵地区常见栽培。

　　种仁含油量高，食用或榨油；为强壮剂，能治疗慢性气管炎、哮喘等病；木材坚实可制枪托等；内果皮可制活性炭，外果皮及树皮富含单宁。

周家核桃树

学　　名：胡桃		别　　名：绵核桃　胡桃　波斯胡桃		
拉 丁 名：*Juglans regia* L.		古树编号：6229270006		
科　　属：胡桃科　胡桃属		级　　别：二级核桃		树　　龄：300 年

　　生长于积石山县大河家镇周家村，平地，红土，生境开阔。地处北纬35°51′12.65″，东经102°47′30.69″，海拔1787m。树高23m，胸围540cm，冠幅东西36m，南北37m，平均冠幅36.5m，树体高大，遮天蔽日，极具观赏性，长势旺盛，落叶乔木。

刘集核桃王

学　　名：胡桃		别　　名：绵核桃　波斯胡桃	
拉 丁 名：*Juglandis regia* L .		古树编号：6229270007	
科　　属：胡桃科　胡桃属	级　　别：二级		树　　龄：300年

　　生长于积石山县刘集乡刘集村姬家八社。平地，黄麻土，生长于院内。地处北纬35°46′58.15″，东经102°46′54.12″，海拔1772m，树高18m，胸围439cm，冠幅东西16m，南北12m，平均冠幅14m，主干在2m处分为四个主枝，长势旺盛，落叶乔木。

陶家核桃树

学　　名: 胡桃	别　　名: 绵核桃　波斯胡桃	
拉 丁 名: *Juglans regia* L.	古树编号: 6229270008	
科　　属: 胡桃科　胡桃属	级　　别: 二级	树　　龄: 300年

生长于积石山县刘集乡陶家村三社。地处北纬35°48′25.82″，东经102°46′55.65″，海拔1947m。树高16m，胸围536cm，冠幅东西23m，南北18m，平均冠幅21.5m，主干斜生，盘旋生长，树皮斑驳苍老，长势旺盛。落叶乔木。

头坪思乡树

学　　名：胡桃		别　　名：绵核桃　波斯胡桃	
拉 丁 名：*Juglans regia*		古树编号：6229270009	
科　　属：胡桃科　胡桃属		级　　别：二级	
树　　龄：300 年			

生长于积石山县安集乡三坪村头坪社。平地，黄麻土，生长环境良好。地处北纬 35°47′30.25″，东经 103°13′48.7″，海拔 1953m，树高 15m，胸围 240cm，冠幅东西 18m，南北 15m，平均冠幅 16.5m，生长势旺盛，落叶乔木。

古树历史： 据传该树栽植于清康熙年间，树体高大、苍劲有力，树势健壮，浓荫蔽日。主干顶端衰落断裂，4m 处向两侧生出两大侧枝，酷似张开的双臂，树皮深褐纵裂，又似饱经风霜的老妪，等待游子的归来……

此树主人姓齐，系安集头坪本地人，年龄 80 有余，现居兰州，退休在家，2021 年 12 月，喜闻家乡林草部门开展古树名木保护工作，经多方打听，致电种苗站调查古树的技术人员，要求将祖上留下来的核桃古树纳入保护。老人为了遥寄思乡之情，赋诗一首："古树名木适逢春，根深叶茂树姿雄。一曲高歌家乡美，牵动游子乡愁心。"

20 世纪 70 年代前，这棵树树体高大，树姿雄伟挺拔，是头坪及周边村庄乃至全乡最古老、硕大的一棵树。由于年代久远，历经风霜，近年来树体有所衰弱，为保护好这棵古树，齐姓后人将近 2 亩（约 1333.4m²）的自留田做了围栏，对树盘围砖墙、填土、施肥，进行复壮保护，树势逐渐强壮，现年净产 400kg 核桃。

盛夏时节，老人们在树下乘凉、侃天说地，小孩们玩耍嬉闹，小鸟在树上唧唧喳喳、时飞时落，人与天地自然融合，一幅精彩绝伦的人间美景。

这棵古树见证了头坪 300 年来的历史和沧桑变化，经受住了风霜雪雨，她是一棵长青的母亲树，老人说，多少艰难疾苦的岁月里，核桃树对家族、对社会给予了积极的回报，正是常言道："前人栽树，后人乘凉。"

康吊核桃树

学　名：胡桃	别　名：绵核桃　波斯胡桃	
拉丁名：*Juglans regia* L.	古树编号：6229270010	
科　属：胡桃科　胡桃属	级　别：二级	树　龄：300 年

　　生长于积石山县大河家镇康吊村前川。平地，黄麻土，生长在幼儿园内。地处北纬35°49′15.58″，东经102°45′52.66″，海拔1880m。树高18m，胸围471cm，冠幅东西19m，南北21m，平均冠幅20m，树皮深裂，长势旺盛，落叶乔木。

河崖水曲柳

学　名：水曲柳	别　名：东北梣	
拉丁名：*Fraxinus mandschurica* Rupr.	古树编号：6229270004	
科　属：木犀科 梣属	级　别：二级	树　龄：420年

位于积石山县刘集乡河崖村河崖小学附近，中坡，黑垆土，生长于村道宅旁。地处北纬35°44′16.04″，东经102°47′21.44″，海拔2212m，树高13m，胸围250cm，冠幅东西4.5m，南北3.5m，平均冠幅4m，树干通直，枝繁叶茂，主干已有宽30cm，长约2m的空心，根部一侧裸露。生长势良好，落叶乔木。

水曲柳生物学特性：乔木，高达30m；小枝略呈四棱形，无毛，有皮孔。叶长25~30cm，叶轴有狭翅；小叶7~11枚，无柄或近于无柄，卵状矩圆形至椭圆状披针形，长8~16cm，宽2~5cm，顶端长渐尖，基部楔形或宽楔形，不对称，边缘有锐锯齿，上面暗绿色，无毛或疏生硬毛，下面沿脉和小叶基部密生黄褐色绒毛。圆锥花序生于去年生小枝上，花序轴有狭翅；花单性异株，无花冠。翅果扭曲，无宿萼，矩圆状披针形，长3~4cm，顶端钝圆或微凹。

分布于东北、华北，朝鲜、日本、俄罗斯也有分布。生于山地林间及河谷湿润地。材质致密，坚固有弹力，能抗水湿，可供建筑、船舰、仪器、枕木、枪托等用材。

风林尕红果

学　　名：木梨		别　　名：酸梨　尕红果		
拉 丁 名：*Pyrus xerophila* Yü		古树编号：6229270011		
科　　属：蔷薇科　梨属		级　　别：三级		树　　龄：107年

生长于积石山县安集乡风林村马家咀，平地，黄褐土。地处北纬35°45′48.47″，东经102°59′27.07″，海拔2262m。树高13m，胸围230cm，冠幅东西10m，南北8m，平均冠幅9m，生境开阔，主干通直、粗壮，枝下高3m，长势良好，落叶乔木。

小关卫矛

学　　名：栓翅卫矛		
别　　名：鬼箭羽　四棱树　三神斗　八棱柴　水银木		
拉 丁 名：*Euonymus phellomanes* Loes.	古树编号：6229270012	
科　　属：卫矛科　卫矛属	级　别：三级	树　龄：210年

　　生长于积石山县小关乡街道，地处北纬35°56′17.32″，东经102°53′60.99″，海拔2456m。黄褐土。树高9.8m，胸围110cm，平均冠幅8m。近年来长势衰弱，落叶灌木。

　　栓翅卫矛生物学特性：落叶灌木，高达5m。枝四棱，棱上常有长条状木栓质厚翅。叶对生，长椭圆形或椭圆状倒披针形，长6~11cm，宽2~4cm，先端渐尖；叶柄长1~1.5cm。聚伞花序1~2回分枝，有7~15花，总花梗长1~1.5cm；花淡绿色，直径约8mm，4数，花药具细长花丝。蒴果粉红色，近倒心形，4浅裂，直径约1cm；种子有红色假种皮。

　　分布于河南、陕西、甘肃、四川等地。生于海拔2000m以上山谷中。

石塬秦阴古柳

学　　名：旱柳		别　　名：柳树　直柳　河柳		
拉 丁 名：*Salix matsudana* Koidz.		古树编号：6229270017		
科　　属：杨柳科　柳属		级　　别：三级		树　　龄：150 年

生长于积石山县石塬乡秦阴村村委会旁，地处北纬 35°48′2.70″、东经 102°49′24.90″，海拔 2118m。黄绵土。树高 23.4m，胸围 389cm，冠幅东西 17.6m，南北 18.4m，平均冠幅 18m。绿叶成荫，长势旺盛。落叶乔木。

石塬秦阴小学老槐树

学　　名：国槐	别　　名：槐树　家槐		
拉丁名：*Sophora japonica* L.	古树编号：62292700018		
科　　属：豆科　槐属	级　　别：三级	树　　龄：230年	

生长于积石山县石塬乡秦阴村秦阴小学后，地处北纬35°48′5.98″，东经102°49′23.01″，海拔2174m。黄绵土。树高22.4m，胸围358cm，冠幅东西15.2m，南北16.8m，平均冠幅16m。树体高大挺拔、雄壮，冠形圆满美观，主干1.8m处分为两杈，长势旺盛，生境良好。落叶乔木。

石塬秦阴老槐树

学　　名：国槐		别　　名：槐树　家槐		
拉 丁 名：*Sophora japonica* L.		古树编号：6229270019		
科　　属：豆科　槐属		级　　别：三级	树　　龄：200 年

　　生长于积石山县石塬乡秦阴村，地处北纬 35°47′48.768″，东经 102°49′11.91″，海拔 2154m。黄绵土。树高18.3m，胸围 302cm，冠幅东西 13m，南北 13m，平均冠幅13m。树形美观，枝条纵横弯曲，主干 4m 处有分枝断裂，其上布满苔藓。生长于村道路旁，叶色翠绿，长势旺盛，落叶乔木。

石塬头坪大柳树

学　　名：旱柳		别　　名：柳树　直柳　河柳	
拉 丁 名：*Salix matsudana* Koidz.		古树编号：6229270021	
科　　属：杨柳科　柳属	级　　别：三级		树　　龄：100年

生长于积石山县石塬乡宋家沟村坡头坪，黄壤土，生长于村道路旁，生境良好。地处北纬35°49′39.19″，东经102°51′12.83″，海拔2158m。树高22.4m，胸围340cm，冠幅东西16.4m，南北17.6m，平均冠幅17m。树体高大粗壮，枝繁叶茂，长势旺盛，落叶乔木。

柳沟赵王家大柳树

学　　名：旱柳	别　　名：柳树　直柳　河柳			
拉丁名：*Salix matsudana* Koidz.	古树编号：6229270022			
科　　属：杨柳科　柳属	级　　别：三级		树　　龄：100年	

　　生长于积石山县柳沟乡柳沟村赵王家。地处北纬 35°45′6.08″，东经 102°50′27.88″，海拔2118m。树高 24.9m，胸围 310cm，冠幅东西18.8m，南北 19.2m，平均冠幅19m。生长于村道路旁，树体高大，树干粗壮，枝干伸展，落叶乔木。

乔干杨树

学 名：青杨		别 名：家白杨 苦杨	
拉 丁 名：*Populus cathayana* Rehd.		古树编号：6229270031	
科 属：杨柳科 杨属	级 别：三级		树 龄：110年

生长于积石山县徐扈家乡乔干村，地处北纬 35°39′51.54″，东经 102°58′30.82″，海拔 2257m。黄绵土。树高 9.8m，胸围 360cm，冠幅东西 4.8m，南北 3.2m，平均冠幅 4m，生长于村道宅旁。树干稍扭曲，主干基部部分木质部裸露，树皮纵裂，主干顶端三枝已干枯。落叶乔木。

银川新庄楸树

学　　名：楸树	别　　名：梓桐　金丝楸		
拉 丁 名：*CatalpabungeiC.A.Mey.*	古树编号：6229270037		
科　　属：紫葳科　梓属	级　　别：三级	树　　龄：110年

生长于积石山县银川乡新庄村新坪小学院内，黄绵土，海拔1859m，地处北纬35°38′33.39″，东经103°3′30.28″。树高21m，胸围215cm，冠幅东西11m，南北13m，平均冠幅12m。树体高大耸直，树皮纵裂，灰褐色，花繁枝茂，落叶乔木。

楸树生物学特性：落叶乔木，树干耸直，高达15m。叶对生，三角状卵形至宽卵状椭圆形，长6~16cm，宽6~12cm，顶端渐尖，基部截形至宽楔形，全缘，有时基部边缘有1~4对尖齿或裂片，两面无毛；柄长2~8cm。总状花序呈伞房状，有花3~12朵；萼片顶端有2尖裂；花冠白色，内有紫色斑点，长约4cm。蒴果长25~50cm，宽约5mm；种子狭长椭圆形约1cm，宽约2mm。

分布于长江流域及河南、河北、陕西等省。生肥沃山地。花可提炼芳香油；种子入药，可治热毒及疥疮，并可利尿。

河崖大松树

学　　名：青杆	别　　名：细叶云杉　魏氏云杉　华北云杉	
拉 丁 名：*Picea wilsonii* mast.	古树编号：6229270244	
科　　属：松科　云杉属	级　　别：三级	树　　龄：130年

生长于积石山县刘集乡河崖村，平地，黑钙土，地处北纬35°44′16.04″，东经102°47′21.45″，海拔2212m。树高21m，胸围120cm，冠幅东西11m，南北9m，平均冠幅10m，树干通直，高大挺拔，长势旺盛，常绿乔木。

慈娲河寺大松树

学　　名：云杉	别　　名：粗枝云杉　粗皮云杉　大果云杉
拉 丁 名：*Picea asperata*	古树编号：6229250008
科　　属：松科　云杉属	级　　别：二级　　　　　　　　　树　　龄：330年

　　生长于和政县罗家集乡小滩村慈娲河寺门前，地处北纬35°14′3.31″，东经103°6′3.76″，海拔2113m。平地，黑垆土，生长正常。树高约14.5m，胸围217cm，冠幅东西7.9m，南北7.9m，平均冠幅7.9m，树体高大，苍劲翠绿，主干基部有裸露，树皮灰白色、粗糙。常绿乔木。

　　生物学特性：常绿乔木；小枝有木钉状叶枕，有疏或密生毛，或几无毛，基部有先端反曲的宿存芽鳞；一年生枝淡褐黄色或淡黄褐色；芽三角状圆锥形。叶螺旋状排列，辐射伸展，侧枝下面及两侧的叶向上弯伸，锥形，长1~2cm，先端尖或凸尖，横切面菱状四方形，上面有气孔线5~8条，下面有4~6条。雌雄同株；雄球花单生叶腋，下垂。球果单生侧枝顶端，下垂，柱状矩圆形或圆柱形，熟前绿色，熟时淡褐色或栗色，长6~10 cm；种鳞薄木质，宿存，倒卵状，先端圆至圆截形，或呈钝三角形，腹面有2粒种子，背面露出部分常有明显纵纹；种子上端有膜质长翅。

　　分布于四川（岷江流域）、陕西西南部、甘肃南部及宁夏山区和青海东部。材质优良，供飞机、乐器、造纸及人造丝原料；树皮含单宁；树干可取松脂。

积石山县核桃古树群

拉 丁 名：*Juglans regia* L．　　　　古树株数：190棵　　　　平均树龄：160年

　　积石山核桃古树群，主要分布在积石山县大河家镇周家、陈家、大河、韩陕家、甘河滩、康吊、克新民、四堡子等村，刘集镇高李、刘集、陶家等村。主要栽培品种有六月黄、鸡蛋皮、鸭蛋、石拿、绵核桃、大三棱、小三棱、柴核桃等，以鸡蛋皮核桃最负盛名，年产量在10万kg左右。树龄在100~375年，树高16~25m不等，树冠覆盖面可达400~600m²。海拔1740~1850m。土壤为黑垆土、红土。

　　积石山县是甘肃省唯一的多民族自治县，文化厚重，核桃栽培历史悠久，为临夏"核桃之乡"。核桃亦称胡桃，胡桃科，落叶乔木，初夏开花，核果为椭圆形或球形，仁富含油质，醇香味美，可食用、榨油，也可入药，性温味甘，营养丰富，为健脑之上品。尤其是大河家鸡蛋皮核桃因皮薄味醇，种仁饱满，含油率高，用手轻轻一捏即可破壳，极易脱仁，因此民间就冠以"鸡蛋皮"之名。其被誉为"陇上名品"而畅销省内外，并在甘肃林果花卉展销交易会等活动中多次获奖。

大坪石枣

学　　名：山荆子	别　　名：山定子　海棠　红石枣		
拉 丁 名：*Malus baccata*（L.）Borkh.	古树编号：6229250023		
科　　属：蔷薇科　苹果属	级　　别：二级	树　　龄：400 年

　　生长于和政县罗家集乡大坪村大山寺，地处北纬 35°14′12.10″，东经 103°4′25.27″，海拔 2295m。黑炉土，生长于宅内墙边。树高 11.8m，胸围 305cm，冠幅东西 9m，南北 7.9m，平均冠幅 8.45m，树从基部分为三大主干，树皮灰白，布满苔藓，树体高大，树干伸展，长势一般，落叶乔木。

　　生物性特性：小乔木，高达 10~14m；小枝无毛，暗褐色。叶片椭圆形或卵形，长 3~8cm，宽 2~3.5cm，边缘有细锯齿；叶柄长 2~5cm，无毛。伞形花序有花 4~6 朵，无总梗，集生于小枝端，花梗细，长 1.5~4cm，无毛；花白色，直径 3~3.5cm，萼筒外面无毛，裂片披针形；花瓣倒卵形；雄蕊 15~20；花柱 5 或 4。梨果近球形，直径 0.8~1cm，红色或黄色，萼裂片脱落。

　　分布在辽宁、吉林、内蒙古、河北、山西、陕西、甘肃；朝鲜、蒙古、俄罗斯也有分布。生于海拔 50~1500m 的山坡杂木林中及山谷灌丛中。可作苹果、花红等砧木；嫩叶作茶叶代用品；果可酿酒；叶为胶原料；蜜源植物。

大坪古榆

学　　名：春榆	别　　名：栓翅榆		
拉 丁 名：*Ulmus propinqua* Koidz.	古树编号：6229250026		
科　　属：榆科　榆属	级　　别：二级	树　　龄：400年	

生长于和政县罗家集乡大坪村上大坪路旁空旷地，地处北纬35°23′5633″，东经103°07′4396″，海拔2235m。黑垆土，树高19.9m，胸围411cm，冠幅东西25.5m，南北23.2m，平均冠幅24.35m，树冠圆满，枝繁叶茂，落叶乔木。

春榆生物学特性：落叶乔木；小枝幼时密被淡灰色柔毛，萌生条和幼枝有时具木栓质翅。叶倒卵状椭圆形或椭圆形，长3~9cm，边缘具重锯齿，侧脉8~16对，上面具短硬毛，粗糙，或毛脱落而较平滑，下面幼时密被灰色短柔毛，脉腋有簇生毛，叶柄被短柔毛。花先叶开放，簇生于去年枝的叶腋。翅果长7~15mm，无毛；种子接近凹缺。

分布于东北、华北和西北；朝鲜、俄罗斯、蒙古和日本也有分布。枝皮可代麻制绳，枝条可编筐；树皮可作榆面或提取栲胶；嫩果可食；木材可作建筑、家具，也可制作香熏；叶可作饲料。

大坪老杨树

学　　名：青杨	别　　名：家白杨　苦杨	
拉　丁　名：*Populus cathayana* Rehd.	古树编号：6229250029	
科　　属：杨柳科　杨属	级　　别：二级	树　　龄：400年

　　生长于和政县罗家集乡大坪村下大坪，地处北纬35°02′24.88″，东经103°07′59.3″，海拔2265m。树高12.5m，胸围615cm，冠幅东西18.1m，南北22.3m，平均冠幅20.2m。生于山顶、孤生、黄绵土、坡度65°，树干一侧有空洞，树体苍劲美观，部分枝梢干枯，树皮褐色、纵裂，布满苔藓。落叶乔木。

三岔沟古柳

学　　名:旱柳	别　　名:柳树　直柳　河柳			
拉 丁 名:*Salix matsudana* Koidz.	古树编号:6229250040			
科　　属:杨柳科　柳属	级　　别:二级		树　　龄:350年	

生长于和政县罗家集乡村三岔沟村丁家山，地处北纬35°22′52.9″，东经103°09′55.4″，海拔2197m。黑垆土，树高16.9m，胸围496cm，冠幅东西11.2m，南北12.9m，平均冠幅12.05m。生于山顶，孤生，树体高大，叶色翠绿，树皮灰褐色、纵裂，树干从2m处分为两大枝。落叶乔木。

朱家古榆

学　名：白榆		别　名：榆树　家榆		
拉丁名：*Ulmus pumila* L.		古树编号：6229250062		
科　属：榆科　榆属		级　别：三级		树　龄：260年

　　生长于和政县三十里铺镇三十里铺村朱家社，地处北纬35°29′38.9″，东经103°13′48.9″，海拔1940m。黄绵土。树高16.5m，胸围338cm，冠幅南北12.4m，东西14.9m，平均冠幅13.65m。生境开阔，树冠圆满，树皮纵裂，树干从4m处分为两大枝，长势一般。落叶乔木。

后寨子丁香

学　名：北京丁香		别　名：山丁香	
拉丁名：*Syringa pekinensis* Rupr.		古树编号：6229250066	
科　属：木犀科　丁香属	级　别：三级		树　龄：100年

生长于和政县城关镇后寨子村农家院内，地处北纬35°24′5631″，东经103°19′5212″，海拔2158m。黑垆土，生长环境好。树高3.1m，胸围141cm，冠幅东西3.5m，南北3.5m，平均冠幅3.5m，树从基部分为两大主枝，扭曲生长，形似孪生姐妹，相依而生，花色艳丽，芳香扑鼻。落叶灌木。

生物学特性：灌木，高可达5m。叶卵形至卵状披针形，纸质，长4~10cm，无毛，顶端渐尖，基部楔形，下面侧脉不隆起或略隆起。圆锥花序，大，长8~15cm，无毛；花冠白色，辐状，直径5~6mm；花冠筒很短，和花萼长度略同；花丝细长，雄蕊与花冠裂片等长。蒴果矩圆形，长0.9~2cm，平滑或有疣状突起。

分布于河北、河南、山西、陕西、甘肃、内蒙古。生山坡阳处或河沟。花可制取芳香油，木材可制农具及器具，嫩叶可代茶用。

本种叶形和暴马丁香有交叉，故易误定，后者叶膜质，下面无毛或有柔侧脉隆起，花丝较长，蒴果先端尖锐等，可以区别。

小滩老杨树

学　　名：青杨	别　　名：家白杨　苦杨		
拉 丁 名：*Populus cathayana* Rehd.	古树编号：6229250001		
科　　属：杨柳科　杨属	级　　别：三级	树　　龄：250年

生长于和政县罗家集乡小滩村，地处北纬35°24′5.67″，东经103°10′36.08″，海拔2102m。生于北坡，坡度26°，黑垆土。树高25.4m，胸围470cm，冠幅东西15.1m，南北16.6m，平均冠幅15.85m，树体高大，树干通直，树冠圆球形，部分枝梢干枯，树皮纵向深裂。落叶乔木。

马家堡古柳

学　　名：旱柳	别　　名：柳树　直柳　河柳	
拉 丁 名：*Salix matsudana* Koidz.	古树编号：6229250003	
科　　属：杨柳科　柳属	级　　别：三级	树　　龄：100年

生长于和政县马家堡镇马家集村路旁，地处北纬35°27′15.99″，东经103°12′29.07″，海拔2010m。黑垆土。树高16m，胸围307cm，冠幅东西9.6m，南北9.4m，平均冠幅9.5m，树体高大挺拔，枝叶茂密，长势旺盛。落叶乔木。

马家堡古榆

学　　名:白榆	别　　名:榆树　家榆
拉丁名:*Ulmus pumila* L.	古树编号:6229250004
科　　属:榆科　榆属	级　　别:三级　　　　树　龄:160年

生长于和政马家堡镇马家集村，地处北纬35°27′16.77″，东经103°12′27.77″，海拔1998m。平地，黑垆土，生长于农家院落，紧靠围墙。树高7.2m，胸围512cm，冠幅东西3.5m，南北4.6m，平均冠幅4.05m，树干弯曲，基部膨大，长势旺盛。落叶乔木。

脖项村古榆

学　　名：白榆	别　　名：榆树　家榆		
拉丁名：*Ulmus pumila* L.	古树编号：6229250007		
科　　属：榆科　榆属	级　　别：三级	树　　龄：100年	

生长于和政县马家堡镇脖项村，地处北纬 35°26′52.69″，东经 103°11′49.76″，海拔 2013m。南坡，坡度 5°，黄绵土，生长于路旁地边。树高 7.9m，胸围 161cm，冠幅东西 5.8m，南北 4.4m，平均冠幅 5.1m，树皮干裂，浑厚斑驳，鳞皱如甲，树皮黑褐色。落叶乔木。

大滩卫矛

学　　名：栓翅卫矛	
别　　名：鬼箭羽　四棱树　三神斗　八棱柴　水银木	
拉 丁 名：*Euonymus phellomanes* Loes.	古树编号：6229250010
科　　属：卫矛科　卫矛属	级　　别：三级　　　　树　　龄：120年

　　生长于和政县罗家集乡大滩村，地处北纬35°23′36.21″，东经103°9′31.88″，海拔2139m。平地，黑垆土，生长于村道门前。树高6.5m，胸围156cm，冠幅东西6.6m，南北5.9m，平均冠幅6.25m，主干纵裂，树皮灰色，花红叶绿，极具观赏性。落叶灌木。

和政县皮胎果群落

学　　名：皮胎果	别　　名：剥皮梨　酸巴梨　芽面包
拉 丁 名：*Pyrus ussuriensis* Maxim.	科　　属：蔷薇科　梨属

　　和政县是临夏州皮胎果的主要栽培地。其群落有2个，分布在和政县罗家集镇大滩村和三十里铺镇包侯家村。平均树龄150年，平均树高9m，平均胸围230cm。海拔在2100m~2400m。

大滩皮胎果群落

学　　名：皮胎果	别　　名：剥皮梨　酸巴梨　芽面包
拉 丁 名：*Pyrus sinkjorgensis* Yü	科　　属：蔷薇科　梨属

　　生长于和政县罗家集乡大滩村，地处北纬35°23′36.88″，东经103°9′32.86″，海拔2148m。平地，黑垆土，生长环境良好，此群落共有3株，平均树龄130年。

古树1：

古树编号：6229250009
级　　别：三级
树　　龄：130年

　　生长于和政县罗家集乡大滩村宅边，地处北纬35°23′36.88″，东经103°9′32.86″，海拔2148m。平地，黑垆土，生长环境良好。树高11.5m，胸围212cm，冠幅东西9.1m，南北8.7m，平均冠幅8.9m，树干从1m处分四分枝，两直立，两侧伸，树冠庞大，长势旺盛。落叶乔木。

古树2：

古树编号：6229250011
级　　别：三级
树　　龄：150年

　　生长于和政县罗家集乡大滩村，地处北纬35°23′36.00″，东经103°9′30.61″，海拔2139m。平地，黑垆土，生长于路边宅旁。树高6.4m，胸围258cm，冠幅东西3.8m，南北4.5m，平均冠幅4.15m，主干半部空心裸露，长势中庸，落叶乔木。

古树3：

古树编号：6229250021
级　　别：三级
树　　龄：110年

　　生长于和政县罗家集乡村大滩村，地处北纬35°23′13.56″，东经103°8′8.38″，海拔2247m。东南坡，坡度15°，黑垆土，生长于坡边。树高8.3m，胸围226cm，冠幅东西9.3m，南北6.9m，平均冠幅8.1m，主干嫁接部位明显，分为大小两枝，树冠圆满，落叶乔木。

包侯家皮胎果群落

学　　名：皮胎果	别　　名：剥皮梨　酸巴梨　芽面包
拉 丁 名：*Pyrus sinkjorgensis* Y ü	科　　属：蔷薇科　梨属

生长于和政县三十里铺镇包侯家村，共有皮胎果14株，平均树龄150年，平均树高9m，平均胸围219cm。

古树1：

古树编号：6229250072
级　　别：三级
树　　龄：150年

　　地处北纬35°25′31.83″，东经103°15′1.93″，海拔2193m。东坡，坡度18°，黑垆土，生长于宅旁山坡。树高13m，胸围240cm，冠幅东西6.2m，南北7.8m，平均冠幅7m，长势旺盛。落叶乔木。

古树2:

| 古树编号: 6229250075 | 级　别: 三级 | 树　龄: 115年 |

地处北纬 35°25′21.89″，东经 103°14′59.63″，海拔 2239m。东坡，坡度18°，黑垆土，生长于宅前路边。树高 7.9m，胸围 242cm，冠幅东西 6.4m，南北 5.6m，平均冠幅 6m，长势旺盛。落叶乔木。

古树3:

| 古树编号: 6229250081 | 级　别: 三级 | 树　龄: 140年 |

地处北纬 35°25′23.04″，东经 103°14′53.88″，海拔 2261m。东北坡，坡度18°，黑垆土，生长于农田内。树高 7.1m，胸围 230cm，冠幅东西 4.6m，南北 5.4m，平均冠幅 5m，长势旺盛。落叶乔木。

古树4：

古树编号：6229250082

级　　别：三级

树　　龄：115年

　　地处北纬35°25′22.92″，东经103°14′52.88″，海拔2252m。东北坡，坡度18°，黑垆土，生长于农田山坡。树高7.9m，胸围168cm，冠幅东西5.7m，南北6.8m，平均冠幅6.25m，生长势一般。落叶乔木。

古树5：

| 古树编号：6229250083 | 级　别：三级 | 树　龄：115年 |

地处北纬35°25′22.17″，东经103°14′56.22″，海拔2256m。东北坡，坡度18°，黑垆土，生长于宅后坡地。树高8.5m，胸围226cm，冠幅东西4.6m，南北5.5m，平均冠幅5.05m，长势旺盛。落叶乔木。

古树6：

古树编号：6229250086	级　别：三级	树　龄：160年

地处北纬35°25′21.02″，东经103°14′52.45″，海拔6222m。东北坡，坡度18°，黑垆土，生长于宅旁山坡。树高7.8m，胸围250cm，冠幅东西5.5m，南北5.6m，平均冠幅5.55m，生长势一般。落叶乔木。

古树7:

| 古树编号：6229250087 | 级　别：三级 | 树　龄：150年 |

地处北纬35°25′20.69″，东经103°14′51.97″，海拔2248m。东北坡，坡度18°，黑垆土，生长于宅旁坡地。树高8.4m，胸围233cm，冠幅东西4.9m，南北5.2m，平均冠幅5.05m，长势旺盛。落叶乔木。

古树8:

| 古树编号：6229250088 | 级　别：三级 | 树　龄：150年 |

地处北纬35°25′20.59″，东经103°14′52.77″，海拔2263m。东北坡，坡度17°，黑垆土，生长于宅旁坡地。树高7.6m，胸围236cm，冠幅东西5m，南北5.2m，平均5.1m，生长势旺盛。落叶乔木。

古树9:

古树编号：6229250092	级　别：三级	树　龄：146年

地处北纬35°25′21.154″，东经103°14′42.33″，海拔2254m。树高9.4m，胸围235cm，冠幅东西5.4m，南北5.2m，平均冠幅5.3m。生长于路旁，长势旺盛。

古树10：

古树编号：6229250093　　　　级　别：三级　　　　树　龄：110年

地处北纬35°25′20.22″，东经103°14′43.26″，海拔2260m。西北坡，坡度17°，黑垆土，生长于耕地。树高9.1m，胸围160cm，冠幅东西5.2m，南北4.9m，平均冠幅5.05m，长势旺盛。落叶乔木。

古树11:

古树编号: 6229250095	级　别:三级	树　龄:110年

地处北纬35°25′14.54″,东经103°14′54.50″,海拔2252m。东坡,坡度17°,黑垆土,生长于村道路边。树高8.5m,胸围161cm,冠幅东西6.2m,南北6.6m,平均冠幅6.4m,长势旺盛。

古树 12：

| 古树编号：6229250096 | 级　别：三级 | 树　龄：120年 |

地处北纬 35°25′12.31″，东经 103°14′56.63″，海拔 2256m。东坡，坡度 17°，黑垆土，生长于坡地。树高 9.1m，胸围 221cm，冠幅东西 6.2m，南北 5.5m，平均冠幅 5.85m，生长势一般。

古树13：

| 古树编号：6229250098 | 级　别：三级 | 树　龄：150年 |

地处北纬 35°25′3.95″，东经 103°15′7.32″，海拔 2265m。黑垆土，生长于宅旁平地。树高 10.7m，胸围 246cm，冠幅东西 6.4m，南北 6.2m，平均冠幅 6.3m，长势旺盛。

古树14：

古树编号：6229250036
级　　别：三级
树　　龄：130年

　　地处北纬 35°25′4.26″，东经 103°15′7.82″，海拔 2262m。东坡，坡度17°，黑垆土，生长于屋后平地。树高10.5m，胸围220cm，冠幅东西6.9m，南北7.1m，平均冠幅7m，长势旺盛。落叶乔木。

大滩青杨

学　名：青杨	别　名：家白杨　苦杨
拉丁名：*Populus cathayana* Rehd.	科　属：杨柳科　杨属

古树1：

古树编号：6229250014	级　别：三级	树　龄：120年

生长于和政县罗家集乡大滩村，地处北纬35°23′36.65″，东经 103°9′28.14″，海拔2142m。平地，黑垆土，生长于乡村路旁。树高16.3m，胸围343cm，冠幅东西11.7m，南北13m，平均冠幅12.35m，树体高大，树冠圆满，生长势一般。落叶乔木。

古树2：

| 古树编号：6229250020 | 级 别：三级 | 树 龄：180年 |

生长于和政县罗家集乡大滩村，地处北纬35°23′17.18″，东经103°8′16.68″，海拔2321m。平地，红黏土，生长于小山顶。树高10.1m，胸围372cm，冠幅东西8.5m，南北8.9m，平均冠幅8.7m，高大挺拔，屹立于山顶，树皮深裂，顶端枝条干枯，生长势较差。落叶乔木。

大滩野李子

学　名：李		别　名：野李子		
拉丁名：*Prunus salicina* Lindl.		古树编号：6229250015		
科　属：蔷薇科　李属		级　别：三级		树　龄：110年

生长于和政县罗家集乡大滩村，地处北纬35°23′36.48″，东经103°9′27.90″，海拔2140m。平地，黑垆土，生长于乡村路边。树高6.3m，胸围162cm，冠幅东西6.5m，南北6.6m，平均冠幅6.55m，主干从基部分为两枝，长势旺盛。落叶乔木。

李生物学特性：乔木，高达12m。叶矩圆状倒卵形或椭圆状倒卵形，长5~10cm，宽3~4cm，边缘有细密、浅圆钝重锯齿，两面无毛或下面脉腋间有毛；叶柄长1~1.5cm，无毛，近顶端有2~3腺体；托叶早落。花先叶放，直径1.5~2cm，通常3朵簇生；花梗长1~1.5cm，无毛；萼筒钟状，无毛，裂片卵形，边缘有细齿；花瓣白色，矩圆状倒卵形；雄蕊多数，约与花瓣等长，心皮1，无毛。核果卵球形，直径4~7cm，先端常尖，基部凹陷，有深沟，绿色、黄色或浅红色，有光泽，外有蜡粉；核有皱纹。

果供食用；核仁含油45%左右，入药，有活血祛痰、润肠利水之效；根、叶、花、树胶均可药用。

大滩古柳

学　　名：旱柳	别　　名：柳树　直柳　河柳	
拉 丁 名：*Salix matsudana* Koidz.	古树编号：6229250016	
科　　属：杨柳科　柳属	级　　别：三级	树　　龄：130 年

生长于和政县罗家集乡大滩村，地处北纬 35°23′11.13″，东经 103°8′27.58″，海拔 2173m。南坡，坡度7°，黑垆土，生长于山坡。树高15.1m，胸围 376cm，冠幅东西 10.3m，南北 11m，平均冠幅 10.65m，树干粗壮，树冠高大、偏生，如同一面旗帜，立于山坡，生长势一般。落叶乔木。

大滩春榆

学　　名：春榆	别　　名：栓翅榆	
拉 丁 名：*Ulmus propinqua* Koidz.	古树编号：6229250017	
科　　属：榆科　榆属	级　　别：三级	树　　龄：180年

生长于和政县罗家集乡大滩村，地处北纬35°23′11.63″，东经103°8′27.58″，海拔2214m。东坡，坡度48°，黑垆土，生长于屋后山坡。树高12.3m，胸围289cm，冠幅东西8.7m，南北9.4m，平均冠幅9.05m，树皮黑褐色，老枝有栓翅，生长势旺盛。落叶乔木。

大滩大石枣

学　　名：山荆子	别　　名：山定子　海棠　红石枣	
拉丁名：*Malus baccata*（L.）Borkh.	古树编号：6229250018	
科　　属：蔷薇科　苹果属	级　　别：三级	树　　龄：100年

生长于和政县罗家集乡大滩村，地处北纬35°23′18.20″，东经103°8′31.83″，海拔2229m，平地，黄绵土，生长于屋后平地。树高7.5m，胸围160cm，冠幅东西5.1m，南北4.4m，平均冠幅4.75m，生长势旺盛，落叶乔木。

大坪大石枣

学　　名：山荆子	别　　名：山定子　海棠　红石枣
拉 丁 名：*Malus baccata*（L.）Borkh.	古树编号：6229250024
科　　属：蔷薇科　苹果属	级　　别：三级　　　　　　　　　树　　龄：190年

生长于和政县罗家集乡大坪村，地处北纬35°23′6.54″，东经103°7′36.05″，海拔2293m。平地，黑垆土，生长于宅旁门前。树高8.5m，胸围262cm，冠幅东西5.4m，南北6.4m，平均冠幅5.9m，主干基部高约1.2m处粗壮，并似截面状裸露，其上分为两杈，生长势一般。落叶乔木。

大坪青杨

学　　名：青杨	别　　名：家白杨　苦杨	
拉 丁 名：*Populus cathayana* Rehd.	古树编号：6229250025	
科　　属：杨柳科　杨属	级　　别：三级	树　　龄：150 年

　　生长于和政县罗家集乡大坪村，地处北纬35°23′45.41″，东经103°7′17.52″，海拔2234m。平地，黑垆土，生长于乡村路旁。树高17.5m，胸围315cm，冠幅东西6.7m，南北7.1m，平均冠幅6.9m，树体高大，挺拔，顶梢有干枯，生长势一般。落叶乔木。

大坪古柳

学　　名：旱柳	别　　名：柳树　直柳　河柳	
拉 丁 名：*Salix matsudana* Koidz.	古树编号：6229250031	
科　　属：杨柳科　柳属	级　　别：三级	树　　龄：150年

生长于和政县罗家集乡大坪村，地处北纬35°24′3.64″，东经103°7′48.55″，海拔2294m。南坡，坡度68°，黄绵土，生长于小山坡。树高9.7m，胸围248cm，冠幅东西6.3m，南北5.7m，平均冠幅6m，主干1.5m处分为三大枝，树皮苍老，有零星苔藓，生长势衰弱。落叶乔木。

大坪老酸梨

学　　名：木梨	别　　名：酸梨　尕红果
拉丁名：*Pyrus xerophila* Y ü	科　　属：蔷薇科　梨属

古树1：

古树编号：6229250032	级　　别：三级
树　　龄：120年	

　　生长于和政县罗家集乡大坪村，地处北纬35°24′1.66″，东经103°7′44.01″，海拔2286m。南坡，坡度61°，黄绵土，生长于山坡。树高6.3m，胸围156cm，冠幅东西6.9m，南北6.1m，平均冠幅6.5m，生长势一般。落叶乔木。

古树2：

古树编号：6229250033　　　　级　别：三级　　　　树　龄：120年

生长于和政县罗家集乡大坪村，地处北纬 35°24′0.41″，东经 103°7′40.50″，海拔 2284m。南坡，坡度 71°，黄绵土，生长于山坡。树高 7.9m，胸围 161cm，冠幅东西 4.4m，南北 4.5m，平均冠幅 4.45m，主干上布满苔藓，生长势一般。落叶乔木。

大坪皮胎果

学　　名：皮胎果		别　　名：剥皮梨　酸巴梨　芽面包	
拉 丁 名：*Pyrus sinkjorgensis* Y ü		科　　属：蔷薇科　梨属	

古树1：

古树编号：6229250034	级　　别：三级
树　　龄：120年	

　　生长于和政县罗家集乡大坪村，地处北纬35°24′1.07″，东经103°7′38.16″，海拔2292m。平地，黄绵土，生长于空旷地。树高8.4m，胸围176cm，冠幅东西5.8m，南北6.5m，平均冠幅6.15m，2m处分为三大主枝，枝条纵横，树冠似一大伞，树皮深裂，上有苔藓，生长势一般。落叶乔木。

古树2:

古树编号：6229250035	级　别：三级	树　龄：120年

生长于和政县罗家集乡大坪村，地处北纬35°23′58.65″，东经103°7′34.95″，海拔2272m。南坡，坡度66°，黄绵土，生长于山坡。树高6m，胸围126cm，冠幅东西7.2m，南北4.4m，平均冠幅5.8m，树形奇特，有两大主枝，约1m处的平生主枝与直立主枝呈垂直状，树皮深纵裂，生长势一般。落叶乔木。

小滩皮胎果

学　　名：皮胎果		别　　名：剥皮梨　酸巴梨　芽面包			
拉 丁 名：*Pyrus sinkjorgensis* Yü		古树编号：6229250037			
科　　属：蔷薇科　梨属		级　　别：三级		树　　龄：120年	

　　生长于和政县罗家集乡小滩村，地处北纬35°23′43.60″，东经103°9′59.0544″，海拔2200m。黑垆土，生长于田间平地。树高12.5m，胸围235cm，冠幅东西7.9m，南北7.4m，平均冠幅7.65m，主干粗壮，树冠庞大，分叉处出现空洞，树皮苍老、斑驳，生长势旺盛。落叶乔木。

石咀青杨群落

学　　名：青杨	别　　名：家白杨　苦杨
拉 丁 名：*Populus cathayana* Rehd.	科　　属：杨柳科　杨属

古树1：

古树编号：6229250047
级　　别：三级
树　　龄：100年

生长于和政县买家集镇石咀村，地处北纬35°19′1.19″，东经103°9′42.44″，海拔2412m。东南坡，坡度15°，黑垆土，生长于小山坡。树高12.5m，胸围241cm，冠幅东西9.6m，南北8.3m，平均冠幅8.95m，主干通直、树冠庞大，树皮斑驳，长势旺盛。落叶乔木。

古树2：

古树编号：6229250048
级　　别：三级
树　　龄：230年

　　生长于和政县买家集镇石咀村，地处北纬35°20′24.96″，东经103°12′53.48″，海拔2310m。东北坡，坡度60°，黄绵土，生长于宅旁小山坡。树高12.1m，胸围441cm，冠幅东西5.6m，南北6.2m，平均冠幅5.9m，树干粗壮，树皮纵裂，多有萌枝，长势一般。落叶乔木。

古树3:

古树编号：6229250049
级　　别：三级
树　　龄：230年

　　生长于和政县买家集镇石咀村，地处北纬35°20′24.85″，东经103°12′53.63″，海拔2310m。东北坡，坡度60°，黄绵土，生长于山顶宅旁。树高11.9m，胸围230cm，冠幅东西4.5m，南北4.3m，平均冠幅4.4m，树体高大挺拔，长势一般。落叶乔木。

两关集大杨树

学　　名：青杨		别　　名：家白杨　苦杨		
拉丁名：*Populus cathayana* Rehd.		古树编号：6229250050		
科　　属：杨柳科　杨属		级　　别：三级		树　　龄：200年

生长于和政县买家集镇两关集村，地处北纬35°21′2.16″，东经103°13′55.171″，海拔2266m。平地、黑垆土，生长于空旷地。树高15.7m，胸围195cm，冠幅东西12.3m，南北11.1m，平均冠幅11.7m，树体高大，树冠优美，部分顶梢干枯，树皮灰褐色，纵裂，长势良好。落叶乔木。

新庄何马家青杨

学　名：青杨	别　名：家白杨　苦杨
拉丁名：*Populus cathayana* Rehd.	科　属：杨柳科　杨属

古树1:

古树编号：6229250051
级　别：三级
树　龄：140年

生长于和政县新庄乡何马家村，地处北纬35°22′48.90″，东经103°21′58.70″，海拔2143m。平地，黑垆土，生长于乡村路旁。树高16.4m，胸围322cm，冠幅东西12.1m，南北11.1m，平均冠幅11.6m，树体高大挺拔，美观，树皮灰褐色，深纵裂，长势旺盛。落叶乔木。

古树2:

古树编号：6229250052
级　　别：三级
树　　龄：150年

　　生长于和政县新庄乡何马家村，地处北纬35°22′43.08″，东经103°21′58.71″，海拔2156m。平地，黑垆土，生长于乡道路旁。树高15.4m，胸围387cm，冠幅东西11.9m，南北11.4m，平均冠幅11.65m，树体高大、挺拔、美观，长势旺盛。落叶乔木。

何马家小青杨

学　　名：小青杨	别　　名：小叶杨　白杨	
拉　丁　名：*P.pseudo~simonii* Kitag.	古树编号：6229250063	
科　　属：杨柳科　杨属	级　　别：三级	树　　龄：100年

位于和政县新庄乡何马家村，地处北纬35°23′23.64″，东经103°22′19.9″海拔2140m。平地、黄绵土，生长于村内宅旁。树高15m，胸围220cm，冠幅东西7m，南北8m，平均冠幅7.5m，树体挺拔高耸，树冠呈圆柱状，叶色翠绿，长势旺盛。落叶乔木。

小青杨生物学特性：落叶乔木，树干高大通直，高达25m。树冠广卵形；树皮灰白色，老时浅沟裂；幼枝绿色或淡褐绿色，有棱，萌枝棱更显著，小枝圆柱形，淡灰色或黄褐色，无毛。芽圆锥形，较长，黄红色，有黏性。叶菱状椭圆形、菱状卵圆形、卵圆形或卵状披针形，长4~9cm，宽2~5cm，最宽在叶的中部以下，先端渐尖或短渐尖，基部楔形、广楔形或少近圆形，边缘具细密交错起伏的锯齿，有缘毛，上面深绿色，无毛，罕脉上被短柔毛，下面淡粉绿色，无毛；叶柄圆形，长1.5~5cm，顶端有时被短柔毛；萌枝叶较大，长椭圆形，基部近圆形，边缘呈波状皱曲，叶柄较短。雄花序长5~8cm；雌花序长5.5~11cm，子房圆形或圆锥形，无毛，柱头2裂。蒴果近无柄，长圆形，长约8mm，先端渐尖，2~3瓣裂。花期3~4月，果期4~5（6）月。

前进卫矛

学　　名：栓翅卫矛					
别　　名：鬼箭羽　四棱树　三神斗　八棱柴　水银木					
拉 丁 名：*Euonymus phellomanes* Loes.		古树编号：6229250053			
科　　属：卫矛科　卫矛属		级　　别：三级		树　　龄：160年	

　　生长于和政县新庄乡前进村，地处北纬35°19′21.12″，东经103°19′55.43″，海拔2283m。黑垆土，生长于路边坎台。树高6.5m，胸围252cm，冠幅东西6.4m，南北6.2m，平均冠幅6.3m，树冠圆满，树形优美，主干斜生，从50cm处分为三大主枝，枝姿开展，根部有少许裸露，长势旺盛。落叶乔木。

新庄前进老杨树

学 名：青杨		别 名：家白杨 苦杨			
拉 丁 名：*Populus cathayana* Rehd.		古树编号：6229250054			
科 属：杨柳科 杨属		级 别：三级		树 龄：102年	

生长于和政县新庄乡前进村，地处北纬35°19′26.75″，东经103°19′51.95″，海拔2316m。东坡，坡度18°，黑垆土，生长于小山坡。树高15.6m，胸围253cm，冠幅东西13.4m，南北14.1m，平均冠幅13.75m，树形美观，主干在2m处分为五大主枝，枝干伸展，生长势一般。落叶乔木。

新庄前进古柳

学　名：旱柳	别　名：柳树　直柳　河柳		
拉丁名：*Salix matsudana* Koidz.	古树编号：6229250055		
科　属：杨柳科　柳属	级　别：三级	树　龄：100年

生长于和政县新庄乡前进村，地处北纬35°19′25.03″，东经103°20′4.44″，海拔2285m。平地，黑垆土，生长于山坡。树高12.3m，胸围297cm，冠幅东西13.1m，南北13.1m，平均冠幅13.1m，树体高大，生长势一般。落叶乔木。

腰套秋子梨

学　　名：秋子梨	别　　名：花盖梨　沙果梨　酸梨
拉 丁 名：*Pyrus ussuriensis* Maxim.	科　　属：蔷薇科　梨属

古树1：

古树编号：6229250057	级　　别：三级	树　　龄：160年

　　生长于和政县新庄乡腰套村，地处北纬35°21′20.22″，东经103°22′10.10″，海拔2192m。平地，黑垆土，生长于村道路旁。树高11.6m，胸围256cm，冠幅东西9m，南北9.4m，平均冠幅9.2m，树体倾斜，树冠圆满，主干布满苔藓，长势旺盛。落叶乔木。

　　秋子梨生物学特性：乔木，高达15m；小枝粗壮，老时变为灰褐色。叶片卵形至宽卵形，长5~10cm，

宽4~6cm，先端短渐尖，基部圆形或近心形，稀宽楔形，边缘有带长刺芒状尖锐锯齿，两面无毛或在幼时有绒毛；叶柄长2~5cm。花序有花5~7朵；总花梗和花梗幼时有绒毛；花梗长2~5cm；花白色，直径3~3.5cm；萼筒外面无毛或微生绒毛，裂片三角状披针形，外面无毛，内面密生绒毛；花瓣卵形或宽卵形；花柱5，离生，近基部具疏生柔毛。梨果近球形，黄色，直径2~6cm，萼裂片宿存，基部微下陷，果梗长1~2cm。

　　中国东北、华北、西北均有栽培；朝鲜也有分布。果食用。

古树2：

古树编号：6229250060	级　别：三级	树　龄：230年

　　生长于和政县新庄乡腰套村，地处北纬35°23′24.02″，东经103°22′20.33″，海拔2193m。西北坡坡度60°，黑垆土，生长于田间地耕。树高8.9m，胸围400cm，冠幅东西7.9m，南北8.6m，平均冠幅8.25m，主干基部粗壮弯曲，从80cm处分多枝，树皮鳞皱如甲，长势旺盛。落叶乔木。

腰套青冈

学　　名：辽东栎	别　　名：青冈　柴树	
拉丁名：*Quercus liaotungensis* Koidz.	古树编号：6229250110	
科　　属：壳斗科　栎属	级　　别：三级	树　　龄：200年

生长于和政县新庄乡腰套村，地处北纬35°21′43.54″，东经103°22′11.45″，海拔2170m。平地，黄绵土，生长于宅旁。树高10.2m，胸围145cm，冠幅东西8m，南北9m，平均冠幅8.5m，树体高大，枝繁叶茂，叶色翠绿，长势旺盛。落叶乔木。

陈家集老梨树

学　　名：皮胎果	别　　名：剥皮梨　酸巴梨　芽面包	
拉 丁 名：*Pyrus sinkjorgensis* Yü	古树编号：6229250064	
科　　属：蔷薇科　梨属	级　　别：三级	树　　龄：160年

生长于和政县陈家集乡陈家集村，地处北纬35°30′11.8″，东经103°21′3.35″，海拔2154m。平地，黄绵土，生长于村道路旁。树高8.1m，胸围264cm，冠幅东西7.1m，南北6.6m，平均冠幅6.85m，主干从1m处分为两大主枝，冠形优美，长势旺盛。落叶乔木。

陈家集古榆

学　名：白榆		别　名：榆树　家榆			
拉丁名：*Ulmus pumila* L.		古树编号：6229250065			
科　属：榆科　榆属		级　别：三级		树　龄：200年	

　　生长于和政县陈家集乡陈家集村，地处北纬35°30′30.68″，东经103°21′0.12″，海拔2173m。平地，黄绵土，生长于村道路旁。树高7.4m，胸围275cm，冠幅东西10m，南北6.3m，平均冠幅8.15m，主干粗壮，有树瘤，长势旺盛。落叶乔木。

达浪古榆

学　　名:白榆		别　　名:榆树　家榆		
拉 丁 名:*Ulmus pumila* L.		古树编号:6229250067		
科　　属:榆科　榆属		级　　别:三级		树　　龄:290年

生长于和政县达浪乡李家坪村，地处北纬 35°26′22.45″，东经 103°21′47.48″，海拔 2081m。平地，黑垆土，生长于村宅路旁。树高 15.1m，胸围 330cm，冠幅东西 1.4m，南北 12.6m，平均冠幅 12m，树体高大，主干粗壮，树皮深裂，长势旺盛。

达浪古柳1

学　　名：旱柳	别　　名：柳树　直柳　河柳	
拉丁名：*Salix matsudana* Koidz.	古树编号：6229250068	
科　　属：杨柳科　柳属	级　　别：三级	树　　龄：120年

生长于和政县达浪乡李家坪村，地处北纬35°26′33.86″，东经103°22′15.05″，海拔2081m。平地，黑垆土，生长于村道路旁。树高14.9m，胸围218cm，冠幅东西7m，南北7.8m，平均冠幅7.4m，树体高大，生长势一般。落叶乔木。

达浪古柳 2

学 名：旱柳	别 名：柳树 直柳 河柳	
拉 丁 名：*Salix matsudana* Koidz.	古树编号：6229250069	
科 属：杨柳科 柳属	级 别：三级	树 龄：120 年

生长于和政县达浪乡李家坪村，地处北纬 35°26′33.88″，东经 103°22′15.07″，海拔 2084m。平地，黑垆土，生长于道路旁。树高 15.6m，胸围 258cm，冠幅东西 7.6m，南北 8.1m，平均冠幅 7.85m，生长势一般，树体高大。落叶乔木。

马家河古梨

学　　名：皮胎果	别　　名：剥皮梨　酸巴梨　芽面包	
拉 丁 名：*Pyrus sinkjorgensis* Yü	古树编号：6229250071	
科　　属：蔷薇科　梨属	级　　别：三级	树　　龄：150 年

　　生长于和政县三十里铺镇马家河村，地处北纬35°26′7.35″，东经103°15′14.97″，海拔2169m。东南坡，坡度18°，黄绵土，生长于屋后坡地。树高8.2m，胸围230cm，冠幅东西6.1m，南北6.9m，平均冠幅6.5m，树冠圆满，主干树皮皴裂，长势旺盛。落叶乔木。

包侯家面蛋王

学　　名：甘肃山楂	别　　名：山里红　红果　面蛋	
拉丁名：*Crataegus kansuensis* Wils.	古树编号：6229250097	
科　　属：蔷薇科　山楂属	级　　别：三级	树　　龄：100年

　　生长于和政县三十里铺镇包侯家村，地处北纬35°25′2.36″，东经103°15′6.97″，海拔2264m。东坡，坡度17°，黑垆土，生长于村道路旁。树高6.7m，胸围50cm，冠幅东西4.9m，南北5.1m，平均冠幅5m，主枝交错丛生，树冠圆满，长势旺盛。

　　甘肃山楂生物学特性：乔木，高达8m。多枝刺；小枝细，无毛。叶宽卵形，长4~6cm，先端急尖，基部平截或宽楔形，具尖锐重锯齿及5~7不规则羽状浅裂，上面疏被柔毛，下面中脉及脉腋有簇生毛，后渐脱落；叶柄细，长1.8~2.5cm，无毛。伞房花序，总梗及花梗无毛，花梗长5~6mm；萼无毛；花柱2~3，子房顶端被毛。果近球形，径8~10mm，红色或橘黄色，果梗细，长1.5~2cm，小核2~3，内面两侧有凹痕。花期5月，果期7~9月。

　　产于陕西（秦岭、太白山）、甘肃南部、山西、河北、四川、贵州；生于海拔1000~3000m的山坡、沟边、杂木林内。

买家巷小青杨

学　　名：小青杨	别　　名：小叶杨　白杨
拉丁名：*P.pseudo~simoniiktag.*	古树编号：6229240001
科　　属：杨柳科　杨属	级　别：一级　　　　　树　龄：500年

生长于广河县买家巷镇马家咀村张家卜社34号住宅旁，地处北纬35°16′25.46″，东经103°17′35.74″，海拔2013m。北坡，生长环境一般，黑麻土。树高约21m，胸围630cm，冠幅东西16m，南北13.5m，平均冠幅14.7m，树体高大，树干通直，生长势一般。落叶乔木。

李家寺青杨

学　　名:青杨		别　　名:家白杨　苦杨		
拉丁名: *Populus cathayana* Rehd.		古树编号:6229240003		
科　　属:杨柳科　杨属		级　　别:一级		树　　龄:500年

　　生长于广河县买家巷镇李家寺村秦家山社,地处北纬35°16′43.39″,东经103°15′6.24″,海拔2026m。平地,褐土,生长于路边台地。树高18m,胸围510cm,冠幅东西17m,南北17m,平均冠幅17m,主干短粗,2m处分生六大枝,呈45°向上斜生,生长势一般。落叶乔木。

李家寺古榆

学　　名：白榆		别　　名：榆树　家榆		
拉 丁 名：*Ulmus pumila* L.		古树编号：6229240004		
科　　属：榆科　榆属		级　　别：一级		树　　龄：540年

　　生长于广河县买家巷镇李家寺村秦家山社，地处北纬35°27′8.15″，东经103°25′14.32″，海拔2026m。平地，褐土，生长于公路边。树高约12m，胸围520cm，冠幅东西8.1m，南北9.0m，平均冠幅8.6m，树皮灰褐色、粗糙，生长势旺盛。落叶乔木。

魏家沟大杨树

学　　名:青杨		别　　名:家白杨　苦杨				
拉 丁 名:*Populus cathayana* Rehd.		古树编号:6229240002				
科　　属:杨柳科　杨属		级　　别:二级		树　　龄:450年		

　　生长于广河县官坊乡魏家沟村魏家坪大寺背后,地处北纬35°13′23.39″,东经103°15′48.26″,海拔2015m。树高21m,胸围370cm,冠幅东西17.5m,南北13m,平均冠幅15m,树体高大,树皮纵裂,生长势一般。落叶乔木。

王家沟潘氏定庄树

学　　名：白榆	别　　名：榆树　家榆	
拉 丁 名：*Ulmus pumila* L.	古树编号：6229240005	
科　　属：榆科　榆属	级　　别：二级	树　　龄：300年

生长于广河县齐家镇王家沟村，地处北纬35°17′42.80″，东经103°28′29.90″，海拔2284m。黑土，生长于村委会门口。树高13m，胸围920cm，冠幅东西15m，南北19.5m，平均冠幅17.3m，树皮灰褐色、粗糙，树冠硕大。落叶乔木。

据说此树是潘姓人定居在这里时所栽的"定庄"树，他们的祖先曾生活在这里，后来由于种种原因，潘姓人逐渐搬迁到洮河东岸，时至今日，对岸的潘姓人每年都到这里祭拜祖先，瞻仰古树，缅怀祖辈的艰难生活岁月。

官坊山庄大杨树

学　　名：青杨		别　　名：家白杨　苦杨	
拉 丁 名：*Populus cathayana* Rehd.		古树编号：6229240006	
科　　属：杨柳科　杨属	级　　别：三级		树　　龄：280年

　　生长于广河县官坊乡山庄村，地处北纬35°14′8.18″，东经103°17′15.21″，海拔2369m。平地，黄绵土，生长于路旁。树高17m，胸围448cm，冠幅东西16m，南北15m，平均冠幅15.5m，树体高大，生长势一般。落叶乔木。

　　古树历史：根据当地村民讲，原有两棵古树，两树年龄相近、大小相仿、相去不远，一棵生长于山岘处，因为修路被挖除，这一棵树由于在空闲处生长，因此保留了下来。据说此树地脉连着四川省某地，与这个地方人畜兴旺有着千丝万缕的联系，前些年四川省某地的人不辞辛苦，跨越千里寻访到此，祭拜这棵古树，祈求家乡人丁兴旺、六畜繁盛。

齐家魏家咀大榆树

学　名：白榆	别　名：榆树　家榆	
拉丁名：*Ulmus pumila* L.	古树编号：6229240007	
科　属：榆科　榆属	级　别：三级	树　龄：210年

　　生长于广河县齐家镇魏家咀村，地处北纬35°17′31.56″，东经103°28′21.26″，海拔2075m。黑土，生长于村旁坡地。树高15m，胸围303cm，冠幅东西23m，南北18m，平均冠幅20.5m，枝下高低，树冠大而圆满，树皮皴裂，生长势旺盛。落叶乔木。

三甲集龙爪榆

学　　名：垂榆		别　　名：蓬头榆　倒榆　龙爪榆		
拉 丁 名：*Populus pumila* L.var.pendula Rehd.		古树编号：6229240008		
科　　属：榆科　榆属		级　别：三级		树　龄：160年

　　生长于广河县三甲集镇东关村三甲集小学校园之内，地处北纬36°20′7.15″，东经103°27′5.31″，海拔1841m，平地，黄绵土，生长环境良好。树高9.5m，胸围245cm，基围310cm，冠长14.5m。该树长势良好，主干3m处分生3条粗壮侧枝，向上向外盘旋伸出。小枝茂密细长，向下垂拂，迎风摇曳。树冠圆形，荫郁蔽日，恰似一顶顶绿色的蒙古包。

　　龙爪榆，当地称蓬头榆。树形优美，是园林绿化的佳品。此树已向省内外提供不少接穗。此树体之大、树龄之长，在甘肃省内也是绝无仅有的。

　　古树历史：古榆原在当地城隍庙门前，原有四五棵。左宗棠西征平乱，到广河后看到当地文化教育非常落后，满目都是不识一字之人，于是他决定将城隍庙改建为学堂，学堂起名为"日兴义"，后来学堂数次易名，成为今天的三甲集小学，如今只有这棵树保存了下来。据新中国成立后曾在该校任校长，退休后几十年再回到三甲集小学的一位老校长讲，"什么都变了，只有这棵垂榆没有变"。这棵树就是历史变迁的见证，也成为学校的重点保护对象。

朱家坪大榆树

学　　名：白榆	别　　名：榆树　家榆	
拉 丁 名：*Ulmus pumila* L.	古树编号：6229240009	
科　　属：榆科　榆属	级　　别：三级	树　　龄：210年

　　生长于广河县祁家集镇朱家坪村瓦窑头社，地处北纬35°18′18.68″，东经103°24′8.96″，海拔1850m。平地，黑土，生长环境良好。树高18m，胸围111.5cm，偏冠，生长势旺盛。落叶乔木。

大羌古榆

学　　名：白榆	别　　名：榆树　家榆		
拉 丁 名：*Ulmus pumila* L.	古树编号：6229220001		
科　　属：榆科　榆属	级　　别：一级	树　　龄：550年	

　　生长于康乐县上湾乡大羌村村口，川地，黑麻土，地下水在10m左右，年雨量600mm。地处北纬35°17′31.23″，东经103°37′38.42″，海拔2200m。树高12m，胸围700cm，平均冠幅19m，树势较差。属落叶乔木。

　　该树树形古朴，树冠开阔，上部平顶，枝条苍劲下垂，长势趋于衰弱，少数老树枝已经干枯。树干北部开裂，空心，用泥土封堵。20世纪90年代树根突出地面高达2m，盘结转绕向西延伸3m左右。现已埋入地下，树皮深纵裂达5cm以上。

　　古树历史：此树为村中赵姓族人共有。相传其祖上为山西大柳树巷人，因犯事被发配到此。远途跋涉，有一老牛驮载行李，辛劳备至，行至大羌村死去，葬于村旁，称作"埋牛坟"。坟上插以赶牛用的榆条，竟然成活，长成大树。其形坚韧朴实，颇得牛的灵气。睹物及人，为了感念其祖上，并祈求祖先护佑赐福，每年清明时节，全村赵姓族人古榆树前焚香祭祀，流传至今，从未中断。

塔庄老杨树

学　　名：青杨	别　　名：家白杨　苦杨
拉 丁 名：*Populus cathayana* Rehd.	古树编号：6229220002
科　　属：杨柳科　杨属	级　　别：一级　　　　　　树　　龄：510年

生长于康乐县八松乡塔庄村上塔庄13号居民公路边，台地，黑麻土，生长环境良好。地处北纬35°18′7.15″，东经103°27′10.13″，海拔2484m。树高25m，胸围575cm，平均冠幅24m，树干粗壮、挺拔、苍老，树干基部已形成能容纳一人的空洞，生长势旺盛。落叶乔木。

范家老庄古榆

学　　名:白榆	别　　名:榆树　家榆	
拉丁名:*Ulmus pumila* L.	古树编号:6229220003	
科　　属:榆科　榆属	级　　别:一级	树　　龄:510 年

生长于康乐县流川乡范家村范家社老庄南 72 号门前路边，黄麻土，生长环境差。地处北纬 35°26′30.30″，东经 103°41′40.87″，海拔 2020m。树高 17m，胸围 630cm，冠幅东西 16m，南北 17m，平均冠幅 16.5m，树干粗大，老朽，一侧形成空洞，生长势一般。落叶乔木。

牟家沟老杨树

学　　名：青杨	别　　名：家白杨　苦杨	
拉 丁 名：*Populus cathayana* Rehd.	古树编号：6229220004	
科　　属：杨柳科　杨属	级　　别：一级	树　　龄：500 年

生长于康乐县景古镇牟家沟村牟家庄36号居民斜对面路边，平地，黑麻土，生长环境良好。地处北纬 35°5′16.08″，东经 103°40′43.33″，海拔 2174m。树高 12m，胸围 440cm，冠幅东西 6m，南北 6m，平均冠幅 6m，树老朽衰败，已失主干顶端，一侧枝弯曲后又向上生长，生长势较差。落叶乔木。

菜子沟老杨树

学　　名：青杨		别　　名：家白杨　苦杨		
拉 丁 名：*Populus cathayana* Rehd.		古树编号：6229220005		
科　　属：杨柳科　杨属		级　　别：二级		树　　龄：340年

生长于康乐县八松乡烈注村菜子沟门社篮球场斜对面山底。地处北纬35°16′28.37″，东经103°27′47.98″，海拔2334m。河边，黑土，生长环境良好。树高18m，胸围650cm，冠幅东西17m，南北19m，平均冠幅18m，树体高大挺拔，主干圆满通直，树皮深纵裂。生长势较差。落叶乔木。

菜子沟尕庙老杨树

学　名：青杨	别　　名：家白杨　苦杨		
拉丁名：*Populus cathayana* Rehd.	古树编号：6229220006		
科　属：杨柳科　杨属	级　别：二级	树　龄：330年	

生长于康乐县八松乡烈洼村菜子沟门社尕庙对面，台地，黑土，生长环境良好。地处北纬35°16′36.45″，东经103°27′48.78″，海拔2335m。树高33m，胸围535cm，冠幅东西25m，南北29m，平均冠幅27m，树体高大、挺拔，树冠硕大、圆满，树皮纵裂，生长势旺盛。落叶乔木。

潘家山皮胎果

学　　名：皮胎果		别　　名：剥皮梨　酸巴梨　芽面包		
拉丁名：*Pyrus ussuriensis* Maxim		古树编号：6229220007		
科　　属：蔷薇科 梨属		级　　别：二级	树　　龄：300年	

　　生长于康乐县八松乡那尼头村潘家山，黑土，生长环境良好，地处北纬35°11′42.25″，东经103°17′32.30″，海拔2470m。树高15m，胸围298cm，冠幅东西25m，南北24m，平均冠幅24.5m，生长势旺盛。落叶乔木。

　　古树历史：此树有四大主干，全部倒伏生长，平伏的主干上又长出直立的大枝，平枝上长满青苔。传说，潘家山原有2棵大树，现存的这棵皮胎果是薛丁山征西时其夫人樊梨花亲手所栽，另一棵1996年冰雹致死的杨树（四个人无法环抱），是薛丁山插下战旗的旗杆。

松树沟老槐树

学　　名：国槐	别　　名：槐树　家槐	
拉 丁 名：*Sophora japonica* L.	古树编号：6229220008	
科　　属：豆科　槐属	级　　别：二级	树　　龄：410年

生长于康乐县附城镇村上坡8号居民房背后地埂，黑麻土，生长环境良好。地处北纬35°20′14.27″，东经103°40′37.66″，海拔2080m。树高15m，胸围490cm，冠幅东西22m，南北23m，平均冠幅22.5m，树体高大、健壮、优美，生长势旺盛。落叶乔木。

鸣关青杨

学　　名：青杨	别　　名：家白杨　苦杨		
拉 丁 名：*Populus cathayana*	古树编号：6229220010		
科　　属：杨柳科　杨属	级　　别：二级	树　　龄：330 年

　　生长于康乐县鸣鹿乡鸣关村鸣关 293 号居民门前，平地，黑土，生长环境良好。地处北纬 35°16′7.70″，东经 103°32′9.79″，海拔 2270m。树高 4m（截干），胸围 580cm。因树势衰弱，已截去树头，剩余部分粗壮、苍老，顶发新枝，主干南侧树皮开裂，木质部裸露，生长势旺盛。落叶乔木。

烈洼老杨树

学　　名：青杨	别　　名：家白杨　苦杨
拉 丁 名：*Populus cathayana* Rehd.	科　　属：杨柳科　杨属

古树1：

古树编号：6229220030
级　　别：三级
树　　龄：260年

　　生长于康乐县八松乡烈洼村菜子沟门社篮球场旁边，生长环境良好。地处北纬35°16′28.37″，东经 103°27′47.98″，海拔2334m。树高30m，胸围420cm，冠幅东西19m，南北19m，平均冠幅19m，树体高大、挺拔，树冠圆满，干形通直，树皮纵裂，生长势旺盛。落叶乔木。

古树2:

古树编号: 6229220031
级　　别: 三级
树　　龄: 260年

　　生长于康乐县八松乡烈洼村菜子沟门社11号门前。地处东经103°27′49.35″，北纬35°16′31.32″，海拔2338m。生长环境良好。树高28m，胸围492cm，冠幅东西16m，南北16m，平均冠幅16m，树体高大、挺拔，冠形为塔形，树皮深纵裂，生长势旺盛。落叶乔木。

老树沟大杨树

学　　名：青杨	别　　名：家白杨　苦杨	
拉 丁 名：*Populus cathayana* Rehd.	古树编号：6229220032	
科　　属：杨柳科　杨属	级　　别：三级	树　　龄：100年

生长于康乐县白王乡老树沟村阴坡中部，生长环境良好。地处北纬35°22′45.03″，东经103°33′44.56″，海拔2232m。树高25m，胸围330cm，冠幅东西15m，南北14m，平均冠幅14.5m，生长势旺盛。落叶乔木。

新庄青杨

学　　名：青杨	别　　名：家白杨　苦杨	
拉 丁 名：*Populus cathayana* Rehd.	古树编号：6229220033	
科　　属：杨柳科　杨属	级　　别：三级	树　　龄：150 年

生长于康乐县白王乡新庄村郝家社 4 号家门对面。地处北纬 35°24′9.41″，东经 103°32′43.15″，海拔 2232m。生长环境良好。树高 26m，胸围 400cm，冠幅东西 23m，南北 20m，平均冠幅 21.5m，树体高大，枝繁叶茂，主干粗壮，尖削度大，树皮深裂，生长势旺盛。落叶乔木。

新庄小青杨

学　　名：小青杨	别　　名：小叶杨　白杨
拉 丁 名：*P.pseudo~simonii* Kitag.	古树编号：6229220034
科　　属：杨柳科　杨属	级　　别：三级	树　　龄：150年

生长于康乐县白王乡新庄村郝家社4号家后墙根。地处北纬35°24′9.41″，东经103°32′43.15″，海拔2232m。生长环境良好。树高25m，胸围330cm，冠幅东西25m，南北20m，平均冠幅22.5m，树体高大挺拔，干形通直，生长势旺盛。落叶乔木。

草滩大松树

学　　名：粗枝云杉	别　　名：云杉　松树	
拉 丁 名：*Picea asperata*	古树编号：6229220035	
科　　属：松科　云杉属	级　　别：三级	树　　龄：150年

生长于康乐县草滩乡普巴村吓苏河22号住宅门前，平地，黑麻土，生长环境良好。地处北纬35°13′53.08″，东经103°37′13.47″，海拔2312m，树高25m，胸围207cm，冠幅东西7m，南北9m，平均冠幅8m，树干通直，树体耸立高大，为本山树，生长势旺盛。常绿乔木。

附城石王古榆

学　　名：白榆		别　　名：榆树　家榆	
拉 丁 名：*Ulmus pumila* L.		古树编号：6229220036	
科　　属：榆科　榆属	级　别：三级		树　龄：150年

生长于康乐县附城镇石王村张寨49号家门前，黄麻土，生长环境一般。地处北纬35°21′49.41″，东经103°42′24.85″，海拔2019m。树高12m，胸围305cm，冠幅东西17m，南北13m，平均冠幅15m，主干粗壮，树皮纵裂，生长势旺盛。落叶乔木。

来推夫拱北古榆

学　名:白榆		别　名:榆树　家榆		
拉丁名:*Ulmus pumila* L.		古树编号:6229220037		
科　属:榆科　榆属		级　别:三级		树　龄:160年

　　生长于康乐县附城镇斜路村来推夫拱北内，黄麻土，生长环境一般。地处北纬35°20′50.74″，东经103°42′19.19″，海拔2065m。树高23m，胸围373cm，冠幅东西22m，南北16m，平均冠幅19m，生长势旺盛。落叶乔木。

景古牟家沟老酸梨

学　　名：木梨	别　　名：酸梨　尕红果	
拉 丁 名：*Pyrus xerophila* Y ü	古树编号：6229220038	
科　　属：蔷薇科 梨属	级　　别：三级	树　　龄：150 年

生长于康乐县景古镇牟家沟村阳山12号居民门前台地，黑麻土，生长环境良好。地处北纬35°04′58.09″，东经103°40′17.73″，海拔2042m。树高20m，地围395cm，冠幅东西16m，南北18m，平均冠幅17m，三主枝丛状扭曲而生，树皮鳞皱如甲，生长势旺盛。落叶乔木。

景古线家滩老酸梨

学　　名:木梨		别　　名:酸梨　尕红果		
拉 丁 名:*Pyrus xerophila* Yü		古树编号:6229220039		
科　　属:蔷薇科 梨属		级　　别:三级		树　　龄:180年

生长于康乐县景古镇线家滩村下石家村口，麻土，生长环境良好。地处北纬35°05′54.74″，经度103°42′6.56″，海拔2100m。树高15m，胸围265cm，冠幅东西10m，南北9m，平均冠幅9.5m，树体高大，树皮深纵裂，生长势旺盛。落叶乔木。

流川苏家小青杨

学　名：小青杨	别　名：小叶杨　白杨		
拉丁名：*Populus simonli* Carr	古树编号：6229220041		
科　属：杨柳科　杨属	级　别：三级	树　龄：150年

生长于康乐县流川乡苏家村湾子社55号住宅门前，生长环境良好。地处北纬35°26′21.40″，东经103°40′34.61″，海拔2042m。树高32m，地围490cm，冠幅东西26m，南北25m，平均冠幅25.5m，树体高大、挺拔，树皮深纵裂，生长势旺盛。落叶乔木。

太妈妈拱北大松树

学　　名：云杉	别　　名：粗枝云杉　粗皮云杉　大果云杉
拉 丁 名：*Picea asperata* Mast.	古树编号：6229220042
科　　属：松科　云杉属	级　　别：三级　　　　　　　树　　龄：200年

　　生长于康乐县鸣鹿乡郭家庄村太妈妈拱北后山坡，中坡，黑麻土，生长环境良好。地处北纬35°19′40.22″，东经 103°35′27.75″，海拔2194m。树高 28m，胸围270cm，冠幅东西18m，南北18m，平均冠幅18m，树体高大挺拔，树冠为塔形，主干通直，生长势旺盛。常绿乔木。

上湾马巴村老酸梨

学　名：木梨		别　　名：酸梨　尕红果	
拉丁名：*Pyrus ussuriensis* Maxim		古树编号：6229220043	
科　属：蔷薇科 梨属		级　别：三级	树　龄：150 年

　　生长于康乐县上湾乡马巴村阴洼沟半山坡，黑麻土，生长环境良好。地处北纬 35°15′37.76″，东经 103°36′45.52″，海拔 2100m。树高 16m，胸围 252cm，冠幅东西 18m，南北 13m，平均冠幅 15.5m，树体从基部分为两大主枝，侧枝弯曲而生，树皮皴裂如甲，生长势旺盛。落叶乔木。

上湾三条沟老杨树

学　名：青杨		别　名：家白杨　苦杨		
拉丁名：*Populus cathayana* Rehd.		古树编号：6229220044		
科　属：杨柳科　杨属		级　别：三级		树　龄：220年

生长于康乐县上湾乡三条沟村三条沟门3号住宅房背后路边，生长环境良好。地处北纬35°14′43.15″，东经103°35′14.27″，海拔2310m。树高30m，胸围418cm，冠幅东西17.8m，南北24.2m，平均冠幅21m，树体高大挺拔，主干3m处有一大侧枝斜向伸展，树皮深纵裂，生长势旺盛。落叶乔木。

苏集半坡大松树

学　　名：云杉	别　　名：粗枝云杉　粗皮云杉　大果云杉
拉 丁 名：*Picea asperata* Mast.	古树编号：6229220045
科　　属：松科　云杉属	级　　别：三级　　　　　　　树　　龄：150 年

生长于康乐县苏集镇半坡村半坡下湾坟地平地，黑麻土，生长环境良好。地处北纬 35°20′5477″，东经 103°35′5058″，海拔 2110m。树高 23m，胸围 186cm，冠幅东西 9m，南北 10m，平均冠幅 9.5m，树体高大挺拔，冠形为塔形，主干通直，生长势旺盛。常绿乔木。

苏集马寨青杨

学　　名：青杨	别　　名：家白杨　苦杨		
拉 丁 名：*Populus cathayana* Rehd.	古树编号：6229220046		
科　　属：杨柳科　杨属	级　　别：三级	树　　龄：240年	

　　生长于康乐县苏集镇马寨村马寨社19号住宅大门对面（317省道边），平地，生长环境良好。地处北纬35°19′36.34″，东经103°32′19.16″，海拔2174m。树高28m，地围400cm，冠幅东西25m，南北27m，平均冠幅26m，树体高大，树冠硕大，枝繁叶茂，枝下高低，树皮深纵裂，生长势旺盛。落叶乔木。

苏集南门古柳

学　　名：旱柳	别　　名：柳树　直柳　河柳
拉 丁 名：*Salix matsudana*	科　　属：杨柳科　柳属

古柳1：

古树编号：622920047	级　别：三级	树　　龄：280年

生长于康乐县苏集镇南门社44号住宅大门对面，生长环境一般。海拔2120m，地处北纬35°20′38.16″，东经103°34′31.28″，海拔2120m。树高25m，胸围640cm，冠幅东西24m，南北25m，平均冠幅24.5m。主干粗壮，扭曲而生，冠形圆满、优美，生长势旺盛。落叶乔木。

古柳2：

古树编号：622920048　　　　　级　别：三级　　　　　树　龄：150年

生长于康乐县苏集镇南门社44号门口渠边，生长环境一般。海拔2120m，地处北纬35°20′38.16″，东经103°34′31.28″，海拔2120m。树高24m，胸围625cm，冠幅东西19m，南北22m，平均冠幅20.5m，树体高大，主干扭曲而生，生长势旺盛。落叶乔木。

五户汪家沟酸梨

学　　名：木梨	别　　名：酸梨　尕红果	
拉 丁 名：*Pyrus xerophila* Yü	古树编号：6229220050	
科　　属：蔷薇科 梨属	级　　别：三级	树　　龄：160年

　　生长于康乐县五户乡汪家沟村老坟滩地坎，黑麻土，生长环境良好。地处北纬35°08′56.69″，东经103°41′5.56″，海拔2283m。树高13m，胸围253cm，冠幅东西11m，南北9m，平均冠幅10m，两主枝从基部分叉而生，树皮纵裂，布有青苔，生长势旺盛。落叶乔木。

名木—无字座右铭——旱柳

学　　名：旱柳	别　　名：柳树　直柳　河柳	
拉 丁 名：*Salix matsudana* Koidz.	科　　属：杨柳科　柳属	

古树1：

古树编号：6229220051	级　　别：三级	树　　龄：100年

生长于康乐县委大门西侧，生长环境一般。地处北纬35°22′28.66″，东经103°42′38.68″，海拔2013m。高20m，胸围515cm，冠幅东西16m，南北12m，平均冠幅14m，生长势旺盛。属落叶乔木。

古树历史：栽于该县设立县级行政建制初期的1933年。共有2株，栽于大门两侧，相距10m左右。栽植处原为民国时期康乐设为设治局时所在地，是康乐县建县以来变化发展的历史见证，也提示着全县不忘林业优势、兴林致富的巨大潜力。

旱柳，别名为柳，谐音"留"。两株柳树以其通直、光洁、挺拔、向上的风姿和生态奉献精神，鼓励着各级官员，为官一任，要留下正直廉洁的政风和富县富民的政绩。给我们当代公仆留下了无字的座右铭。

古树2：

古树编号：6229220052
级　　别：三级
树　　龄：100年

　　生长于康乐县县委大门口东侧，生长环境一般。地处北纬 35°22′28.66″，东经 103°42′38.68″，海拔 2013m。树高 20m，胸围 530cm，冠幅东西 15m，南北 15m，平均冠幅 15m，生长势旺盛。落叶乔木。

松树岘"火棍树"

学　　名：油松	别　　名：松树　短针松	
拉丁名：*Pinus tabulaeformis* Carr.	古树编号：6229230002	
科　　属：松科　松属	级　　别：一级	树　　龄：520年

　　生长于永靖县关山乡南堡村神树岘，灰钙土（石质山），生长环境较差。地处北纬35°59′59.71″，东经103°36′42.68″，海拔2550m。树高11m，胸围205cm，冠幅东西10m，南北8.5m，平均冠幅9m，生长势旺盛。常绿乔木。

古树历史：相传此树为明成化年间"金花仙姑"插木入岩，一夜之间生根着叶，存活至今。时至清代已闻名遐迩。《皋兰县志》载此树为"岭有古松一株，根盘石上，作龙爪状"。

根据传说和史籍推断，这株古油松树龄约500年。明朝时在兰州有一户金姓人家有个姑娘名叫金花，据说金花从小便"垂髫端洁、不茹荤腥"，常勤于捻线，因不满父母包办婚姻，在出嫁那天，金花一手持一根烧火棍，另一只手将线杆上的线团抛到空中，随线团出门而去，转眼不见了踪影。金花的哥哥和几个家人看见拖在地上的一条线，便顺着线头尾随紧追，沿途翻山越岭，爬沟渡河，一直赶到青石岭，终于遇到金花，见金花已经盘膝端坐在青石岭上。这时金花对哥言道："我现在已出家修道，此事早已注定，请回家禀告父母，不用再勉强了。"哥哥听金花说她要出家，便对金花说："你若能修成神仙，今天将手中的火棍插到石头上长出叶子来，我们就不再勉强你，你就修你的仙去吧！如果没有这样的能耐，乖乖地跟我们回去，免得父母常为你操心。"金花闻听此言，便顺手把烧火棍插在青石板上，不多时火棍上发出绿芽，变成了一株枝繁叶茂的小松树，成为现今的"火棍树"。

民间认为该树有"三奇"：其一，青石板上长出松树，枝叶繁茂，根深入石，起伏蟠虬，经久不衰，若非造物的鬼斧神工，难以在高山之上、风口之中独生此树；其二，树旁山石乌暗，树干通直而树冠青黑，大有曾遭火烧烟熏之状，深得"烧火棍"的神韵；其三，古树遒劲的主干，蓬松的树冠，美丽的形态，屹立于山口东侧，恰似金花仙姑的绰约丰姿，依山眺望家乡的神情。

油松生物学特性：常绿乔木，大树的枝条平展或微向下伸，树冠近平顶状；一年生枝淡红褐色或淡灰黄色，无毛；二、三年生枝上的苞片宿存；冬芽红褐色。针叶2针一束，粗硬，长10~15cm。球果卵圆形，长4~10cm，成熟后宿存，暗褐色；种鳞的鳞盾肥厚，横脊显著，鳞脐凸起有刺尖；种子长6~8mm，种翅长约10mm。

分布于辽宁、内蒙古（阴山和大青山）、河北、山东、河南、山西、陕西、甘肃、青海（祁连山）和四川北部。为荒山造林树种，中国特有树种，是园林绿化和荒山造林的优良树种。松树节、松叶、松油入药，能祛风湿、散寒；花粉能止血燥湿；木材供枕木、建筑等用；树干割取松脂；树皮可提栲胶；种子含油30%~40%，供食用或工业用。

吧咪山"线杆松"

学　　名：油松	别　　名：松树　短针松		
拉丁名：*Pinus tabuliformis* Carriere	古树编号：6229230003		
科　　属：松科　松属	级　　别：一级	树　　龄：500年	

　　生长于永靖县三条岘乡塔什堡村吧咪山池院内，生长环境良好。地处北纬35°54′50.40″，东经103°28′30.03″，海拔2026m。树高15m，胸围215cm，冠幅东西10m，南北15m，平均冠幅12.5m。树干倾斜，生长势一般。常绿乔木。

　　古树历史："线杆松"生长于三条岘乡吧咪山池金花娘娘庙院内。传说，金花娘娘在青石岭插了"火棍树"后，告别其兄，继续手持线杆放线西行，至吧咪山时，线杆上的麻绳刚好放完，但见此地山峦叠翠、云雾缭绕，便把线杆插于此地，随之升天，"线杆松"由此而来。

吧咪山朴树

学　　名：小叶朴	别　　名：黑弹木　朴树　棒棒树
拉 丁 名：*Celtis bungeana* Bl.	古树编号：6229230004
科　　属：榆科　朴属	级　　别：一级　　　　　　　树　　龄：500年

生长于永靖县三条岘乡塔什堡村吧咪山池院内，生长环境良好。地处北纬35°54′8.94″，东经103°28′30.51″，海拔2023m。树高9.5m，胸围190cm，平均冠幅12m，树冠阔卵形，生长势旺盛。落叶乔木。

小叶朴生物学特性：落叶乔木；一年枝无毛。叶斜卵形至椭圆形，长4~11cm，中上部边缘具锯齿，有时近全缘，下面仅脉腋常有柔毛；叶柄长5~10mm。核果单生叶腋，球形，直径4~7mm，紫黑色，果柄较叶柄长，长1.2~2.8cm，果核平滑，稀有不明显网纹。

分布于辽宁、河北、山西、陕西、甘肃、四川、云南、贵州、湖南、湖北、江西、安徽、山东、江苏、浙江；朝鲜也有。树皮纤维可代麻用，或作造纸、人造棉原料；木材供建筑用，也供药用。

沈家圈古榆

学　　名：白榆		别　　名：榆树　家榆		
拉丁名：*Ulmus pumila* L.		古树编号：6229230001		
科　　属：榆科　榆属		级　　别：二级	树　　龄：300年	

　　生长于永靖县三塬镇三联村沈家圈。地处北纬35°54′30.47″，东经103°9′32.07″，海拔2248m。平地，黄绵土，生长环境好。树高20m，胸围430cm，平均冠幅22m，树体高大、挺拔，树冠庞大，主干中下部有一环状树瘤，生长势较差。落叶乔木。

抱龙山粗枝云杉群落

学　　名：云杉		别　　名：粗枝云杉　粗皮云杉　大果云杉	
拉 丁 名：*Picea asperata* Mast.		科　　属：松科　云杉属	
级　　别：二级		平均树龄：420年	

生长于永靖县关山乡南堡村抱龙山，共有4株，平均树高29m，平均胸围168cm。

古树1：

古树编号：6229230005

生长于永靖县关山乡南堡村抱龙山，坡位中，灰钙土，生长环境好。地处北纬36°1′20.29″，东经103°34′46.42″，海拔2164m。树高29m，胸围198cm，平均冠幅7m，生长势旺盛。

古树2：

古树编号：6229230006

生长于永靖县关山乡南堡村抱龙山，坡位中，灰钙土，生长环境好。地处北纬36°1′20.29″，东经103°34′46.42″，海拔2164m。树高29m，胸围147cm，平均冠幅7m，生长势旺盛。

古树3：

古树编号：6229230007

　　生长于永靖县关山乡南堡村抱龙山。地处北纬36°1′20.29″，东经103°34′46.42″，海拔2164m。坡位中，灰钙土，生长环境好。树高28m，胸围169cm，平均冠幅6m，生长势旺盛。

古树4:

古树编号：6229230008

　　生长于永靖县关山乡南堡村抱龙山，坡位中，灰钙土，生长环境好。地处北纬36°1′20.29″，东经 103°34′46.42″，海拔2164m，树高28m，胸围160cm，平均冠幅6m，生长势旺盛。

刘家塬尕庙兄弟柏

学　　名：侧柏	别　　名：扁柏　柏树
拉 丁 名：*Biota orientalis*（L.）Endl.	科　　属：柏科　侧柏属
级　　别：二级	树　　龄：300 年

古树1：

古树编号：6229230009

生长于永靖县三塬镇刘家塬村尕庙门前台地，黄绵土，生长环境好。地处北纬35°53′21.91″，东经103°11′55.62″，海拔1914m。树高13m，胸围326cm，平均冠幅7m，生长势旺盛。

古树2：

古树编号：6229230010

　　生长于永靖县三塬镇刘家塬村尕庙门前，台地，黄绵土，生长环境好。地处北纬 35°53′21.91″，东经 103°11′55.62″，海拔 1914m。树高 14m，地围 280cm，平均冠幅9m，生长势旺盛。

抱龙山古榆

学　名：白榆	别　名：榆树　家榆	
拉丁名：*Ulmus pumila* L.	古树编号：6229230013	
科　属：榆科　榆属	级　别：二级	树　龄：310年

　　生长于永靖县关山乡南堡村抱龙山祖师殿前，平地生长，生长环境良好。地处北纬36°1′51.95″，东经103°34′31.03″，海拔2010m。树高8m，胸围440cm，冠幅平均11m，生长势旺盛。落叶乔木。

　　生长环境为沙石土，地下水深，但有季节性小溪流过。此树主干端庄，树形周正，树干分生五条粗壮大枝，犹如张开的一座巨大屏风，下掩三岔沟口，上遮层层道观。树干因年久心部已空，树梢干枯，形似龙爪。

　　古树历史：据传此树树龄在300年以上。观中道人称此树系建庙时栽的"压脉树"。树前专设祭坛，供人焚香膜拜。

塔坪古榆

学　名：白榆	别　名：榆树　家榆
拉丁名：*Ulmus pumila* L.	科　属：榆科　榆属

古树1：

古树编号：6229230015	级　别：二级	树　龄：300年

　　生长于永靖县王台镇塔坪村谢家庄路口，平地，黄绵土，生长环境较差，地处北纬35°48′39.40″，东经103°1′3.30″，海拔1990m。树高10m，胸围420cm，平均冠幅8m，主干粗壮，50cm处分生三大枝，如同"龙爪"，树皮沧桑，有树瘤。生长势一般，落叶乔木。

古树2

| 古树编号: 6229230016 | 级　别: 二级 | 树　龄: 300年 |

　　生长于永靖县王台镇塔坪村谢家庄南耕地临近沟底。地处北纬35°48′23.92″，东经103°1′46.55″，海拔1978m。沟地，黄绵土，生长环境良好。树龄300年，树高28m，胸围690cm，平均冠幅25m，主干中空，劈为两半，倒伏的一半已干枯，另一半直立顽强生长，生长势一般。落叶乔木。

新寺后坪古柳

学　　名：旱柳	别　　名：柳树　直柳　河柳	
拉 丁 名：*Salix matsudana* Koidz.	古树编号：6229230031	
科　　属：杨柳科　柳属	级　　别：三级	树　　龄：136年

　　生长于永靖县新寺乡后坪村孔氏墓门口左侧。地处北纬36°02′56.78″，东经102°57′26.89″，海拔2285m。平地，黄绵土，生长环境一般。树高13m，胸围438cm，东西16m，南北15m，平均冠幅15.5m，主干逆时针螺旋而生，树心已空，生长势旺盛。落叶乔木。

　　古树历史：后坪孔氏墓，于1881年（光绪七年）将拱北太爷之父母遗骨从大川大漠湾搬至此地扎茔，此树于扎茔时栽植。

小岭土门大松树

学　　名：云杉	别　　名：粗枝云杉　粗皮云杉　大果云杉
拉 丁 名：*Picea asperata* Mast.	古树编号：6229230034
科　　属：松科　云杉属	级　　别：三级　　　　　　　树　　龄：148年

生长于永靖县小岭乡土门村。平地，黄绵土，生长环境良好。地处北纬35°53′58.94″，东经102°59′19.38″，海拔2387m。树高18m，胸围148cm，东西12m，南北10.5m平均冠幅11m，树体高大挺拔，树冠为塔形，枝繁叶茂，生长势旺盛。常绿乔木。

小岭大路古榆

学　　名：白榆		别　　名：榆树　家榆		
拉 丁 名：*Ulmus pumila* L.		古树编号：6229230035		
科　　属：榆科　榆属		级　　别：三级		树　　龄：100年

　　生长于永靖县小岭乡大路村，平地，黄绵土，生长环境较差。地处北纬35°53′53.40″，东经102°57′49.69″，海拔2370m。树高10m，胸围230cm，冠幅东西10m，南北9m，平均冠幅9.5m，树皮苍老、皱裂。生长势一般，落叶乔木。

抱龙山古榆

学　　名：白榆	别　　名：榆树　家榆	
拉 丁 名：*Ulmus pumila* L.	古树编号：6229230036	
科　　属：榆科　榆属	级　　别：三级	树　　龄：160年

生长于永靖县关山乡南堡村抱龙山喇嘛坟地，台地，生长环境一般。地处北纬36°1′49.98″，东经103°34′28.47″，海拔2010m，树高10m，胸围207cm，冠幅东西4.3m，南北6.8m，平均冠幅5.5m，树斜生，树皮苍老、纵裂，生长势旺盛。落叶乔木。

徐顶国槐

学　　名：国槐		别　　名：槐树　家槐			
拉 丁 名：*Sophora japonica* L.		古树编号：6229230037			
科　　属：豆科　槐属		级　　别：二级		树　　龄：450 年	

　　生长于永靖县徐顶乡三联村卫生院内。地处北纬 36°0′28.64″，东经 103°30′55.40″，海拔 2148m。平地，黄绵土，生长环境一般，较干旱。树高 18m，胸围 326cm，冠幅东西 12m，南北 15m，平均冠幅 14m。主干粗壮、苍劲，基部有空洞，树皮纵裂，树冠庞大，花繁似锦，生长势旺盛。落叶乔木。据查看部分年轮，推算树龄为 450 年。树高 4m 处分生 3 条侧枝，树头向东倾斜，恰似向东边的故乡翘首而望。

　　此树原为当地王姓族人从外地迁入所建家庙时栽植的。

陈井张家沟大松树

学　名：油松		别　名：松树　短针松		
拉丁名：*Pinus tabulaeformis* Carr.		古树编号：6229230038		
科　属：松科　松属		级　别：三级		树　龄：140年

生长于永靖县陈井镇张家沟村庙内，生长环境一般，地处北纬36°01′5.92″，东经103°26′42.80″，海拔2382m。树高6m，胸围700cm，冠幅东西6.7m，南北5.5m，平均冠幅6.1m，主干通直，树形优美，主干顶端已干枯，生长势旺盛。常绿乔木。

永靖红枣古树群

拉 丁 名：*Ziziphus jujuba Mill.* var. inermis（Bunge）Rehd．
古树株数：190棵　　　　　　　　平均树龄：160年

　　永靖红枣古树群，主要分布在永靖县太极镇大川村、刘家峡镇罗川村；盐锅峡镇抚河村、焦家村；西河镇红庄湾村。主要栽培品种为馒头枣。大枣色泽鲜红、皮薄、肉厚、核小、质地细嫩、青脆、汁多、酸甜，果形椭圆形。枣果含有丰富的营养成分，含糖量70%以上，鲜果含维生素C较多。目前，永靖境内共有枣树面积490公顷，125万株，年产枣45万千克，年可实现产值540万元。

　　刘家峡栽植枣树历史悠久，距今已有2000多年，以个大味甘出名。

　　枣生物学特性：灌木或乔木，高达10m；小枝有细长的刺，刺直立或钩状。叶卵圆形到卵状披针形，长3~7cm，宽2~3.5cm，有细锯齿，基生三出脉。聚伞花序腋生；花小，黄绿色。核果大，卵形或矩圆形，长1.5~5cm，深红色，味甜，核两端锐尖。

　　全国各地均有栽培，性耐干旱。主产河北、河南、山东、山西、陕西、甘肃和内蒙古；伊朗、俄罗斯、蒙古、日本也有分布。果实味甜，供食用，有滋补强壮的功效；根及树皮亦供药用。

张家千年古榆

学　　名：白榆	别　　名：榆树　家榆
拉 丁 名：*Ulmus pumila* L.	古树编号：6229260001
科　　属：榆科　榆属	级　　别：一级　　　　　　树　　龄：520 年

生长在东乡县唐汪镇张家村三社中心点，地处北纬35°47′48.88″，东经103°33′21.16″，海拔1834m，平地，黄绵土，生长环境良好。树高9.5m，胸围510cm，冠幅东西9m，南北10m，平均冠幅9.5m，生长势旺盛。落叶乔木。

古树历史：此树树干粗壮、枝繁叶茂，被当地人誉为"张家古榆"。古榆主干多树瘤，树皮灰褐，纵横深裂，部分木质部"露白"，形似一株巨大的古树盆景，屹立于村庄中央，见证着张家村的兴衰和历史变迁。

土坝塬古榆

学　　名：白榆	别　　名：榆树　家榆	
拉丁名：*Ulmus pumila* L.	古树编号：6229260002	
科　　属：榆科　榆属	级　　别：一级	树　　龄：510年

　　生长于东乡县董岭乡土坝塬村前庄社。地处北纬35°53′36.5″，东经103°23′36.2″，海拔2379m。树高7.5m，枝下高3.1m，胸围562cm，胸径为179cm，冠幅东西11.2m，南北12.3m，平地，黄绵土，生长环境一般。属落叶乔木，主干短粗，远看似一硕大的"宝瓶"，树皮灰褐色，不规则深纵裂，粗糙，苍老，部分根外露，生长势旺盛。落叶乔木。

　　古树历史：据当地老人说，传说该树是元末明初蒙古人走后栽植的，时光如梭，岁月更替，古榆树虽经500多年而屹立不倒，彰显了生命的顽强，也承载着土坝塬村民无尽的乡愁。

那勒寺大槐树

学　　名：国槐		别　　名：槐树　家槐		
拉 丁 名：*Sophora japonica* L.		古树编号：6229260081、6229260082		
科　　属：豆科　槐树属		级　　别：一级		树　　龄：500年

古树1：

古树编号：6229260081

生长于东乡县那勒寺乡大树村瓦房社。地处北纬35°36′32.64″，东经103°27′31.88″，海拔2121m，树高18m，胸围516cm，冠幅东西14.3m，南北13.2m，平均冠幅14m，生长势旺盛。落叶乔木。

据当地村民讲，大树村因有此两棵大槐树而得其名。据说，此两棵槐树原生长于山顶的庙门前，后因山体滑坡，滑落至现在的位置，两树平行相距约300m。

该古树高大挺拔、苍劲有力，巍然屹立于半山坡的村子当中。

古树2：

古树编号：6229260082

　　生长于东乡县那勒寺乡大树村大树社。北纬35°36′33″，东经103°27′25.05″，海拔2119m，树高16m，胸围340cm，冠幅东西17.7m，南北20m，平均冠幅14m，树体高大挺拔，生长势旺盛。落叶乔木。

董家沟榆树

学　　名：白榆		别　　名：榆树　家榆		
拉 丁 名：*Ulmus pumila* L.		古树编号：6229260003		
科　　属：榆科　榆属		级　　别：二级		树　　龄：300年

生长于东乡县董岭乡董家沟村阴洼社，地处北纬35°49′16.34″，东经103°26′60″，海拔2375m。平地，黄绵土，生长环境一般。树高18m，冠幅东西21m，南北19.6m，平均冠幅20.3m，胸围368cm，树冠庞大，主干上分生八大主枝，如同"八大金刚"护佑一方百姓，生长势旺盛。落叶乔木。

赵家山古榆

学　　名：白榆	别　　名：榆树　家榆	
拉 丁 名：*Ulmus pumila* L.	古树编号：6229260004	
科　　属：榆科　榆属	级　　别：一级	树　　龄：510年

生长于东乡县董岭乡赵家村。地处北纬35°51′42″，东经103°26′45″，海拔2534m。树高12.8m，胸围430cm，基围630cm，冠幅东西20m，南北23m，平均冠幅21.5m。平地，黄绵土，生长环境一般，生长势较差。落叶乔木。

此树主干粗大，侧枝水平伸出，小枝形似龙爪，曲折延伸，顶稍干枯，细条下垂，枝叶稀疏，似一瘦骨嶙峋的老人。

古树历史：相传本村赵姓祖上从陕西大柳树巷发配至此，栽下这株白榆，称为"扎庄树"。至今已约有30代人，树龄500年左右。此地干旱缺雨，年降水量300mm左右，是临夏州农区黄土丘陵地带较高的地方。附近植被稀疏，只有此株大树昂然屹立于山梁上风口之中。该树在干山秃岭、冷凉多风的恶劣环境中不断生长，顽强抗争，以致树皮粗厚，枝梢干枯，但仍以其高大的雄姿，毅然挺立在高山之巅，展示了当地群众搏击逆境的坚毅品格和风貌。

黑石山大接杏

学　　名：唐汪川大接杏	别　　名：大接杏　大桃杏		
拉 丁 名：*Armeniaca* cv.	古树编号：6229260045		
科　　属：蔷薇科　杏属	级　　别：三级	树　　龄：150年	

生长于东乡县达板镇黑石山村，地处北纬35°46′25.50″，东经103°35′27.06″，海拔1754m。平地，黄绵土，生长环境良好。树高8.3m，胸围245cm，冠幅东西7.6m，南北8.5m，平均冠幅8m，生长势一般，落叶乔木。

大接杏生物学特性： 落叶乔木，高约15m。叶卵形至近圆形，长5~9cm，宽4~8cm，先端有短尖头或渐尖，基部圆形或渐狭，边缘有圆钝锯齿，两面无毛或在下面叶脉交叉处有髯毛。花单生，先于叶开放，直径2~3cm，无梗或有极短梗；萼裂片5，卵形或椭圆形，花后反折；花瓣白色或稍带红色，圆形至倒卵形；雄蕊多数；心皮1，有短柔毛。核果长圆或扁圆形，果皮多为白色、黄色至黄红色，向阳部常具红晕和斑点，微生短柔毛或无毛，成熟时不开裂，有沟，果肉多汁，核平滑，沿腹缝有沟；种子扁椭圆形，味甜。

唐汪大接杏是临夏州特色果品之一。东乡县唐汪川为主要栽培区，临夏县、东乡县、永靖县的刘家峡库区沿岸也有栽培。

果实食用，种仁含油约50%，入药有润肺止咳、平喘、滑肠之效。

黑石山古杏树

学　　名：胭脂杏	别　　名：早杏　夏至杏	
拉 丁 名：*Armeniaca vulgaris* Lam "yanzhixing"	古树编号：6229260044	
科　　属：蔷薇科　杏属	级　　别：三级	树　　龄：150 年

　　生长于东乡县达板镇黑石山村下社，地处北纬35°46′25.50″，东经103°35′27.06″，海拔1754m。平地，黄绵土，生长环境良好。树高11.5m，胸围280cm，冠幅东西7.8m，南北10m，平均冠幅8.9m。主干古朴沧桑，树形美观，生长势一般。落叶乔木。

东乡县大接杏古树群

占地面积：200亩　　　　　　古树株数：210株　　　　　　平均树龄：130年

　　东乡县大接杏古树群有2个，一个分布于达板镇黑石山村，另一个分布于达板镇红庄村。栽培数量210株，树龄100~150年。树高10~20m，树冠覆盖面可达100~350m²，海拔1740~1850m。此地土壤多为冲积母质形成的黑红土和沙壤土，土质肥沃，渠水自流灌溉，光照强，日照时间长，昼夜温差大，尤其是略含盐碱的红砂土，适宜杏树生长。

　　唐汪川大接杏源于明代，具有400多年栽培历史。以个大色鲜、外形美观、果肩突出、顶端椭圆、杏肉橘黄、质厚松脆、汁液丰富、香甜爽口、纤维少、易剥食为主要特色。其树形高大强健，是经过长期栽培选育形成的地方优良品种，成熟的唐汪大接杏果实形如桃，橘黄色、个大、皮薄、肉厚、质软、纤维极少，肉质细密，味甜多汁，果色艳丽，富有芳香，平均单果重90.3g，最大的达150g，是极好的鲜食和加工品种。

　　唐汪川是有名的"桃杏之乡"，所产大接杏为甘肃三大名杏之一，以果实硕大，味甜适口而享誉西北。"唐汪川里有三宝，桃杏、瓜果、大红枣。""天水的苹果安宁的桃，唐汪川大接杏是一宝"。久负盛名的大接杏因盛产于唐汪川而有唐汪大接杏之称。所以，自明清以来这里逐步发展成盛产杏子的好地方。

黑石山大接杏群落

学　　名：唐汪川大接杏	别　　名：大接杏	拉丁名：*Armeniaca* cv.
科　　属：蔷薇科　杏属	级　　别：三级	树　　龄：150年

古树1：

古树编号：6229260046

　　生长于东乡县达板镇黑石山村下社，地处北纬 35°36′25.50″，东经 103°35′28.70″，海拔1754m。平地，黄绵土，生长环境良好。树高 11.3m，胸围225cm，冠幅东西 17.2m，南北 11.8m，平均冠幅 14.5m，生长势一般。落叶乔木。

古树2:

古树编号: 6229260047

　　生长于东乡县达板镇黑石山村下社, 地处北纬35°36′25.50″, 东经103°35′28.70″, 海拔1754m。平地, 黄绵土, 生长环境良好。树高10.3m, 胸围252cm, 冠幅东西10.5m, 南北8.7m, 平均冠幅9.6m, 生长势一般。落叶乔木。

古树3：

古树编号：6229260048

　　生长于东乡县达板镇黑石山村下社，地处北纬35°46′24.80″，东经103°35′29.47″，海拔1754m。平地，黄绵土，生长环境良好，生长在农耕地。树高8.8m，胸围290cm，冠幅东西14.2m，南北12.4m，平均冠幅13.3m，生长势一般。落叶乔木。

古树4：

古树编号：6229260049

　　生长于东乡县达板镇黑石山村下社，地处北纬35°46′24.99″，东经103°35′29.92″，海拔1752m。平地，黄绵土，生长环境良好，生长在农耕地。树高7.3m，胸围230cm，冠幅东西8.2m，南北13.6m，平均冠幅10.9m，生长势一般。落叶乔木。

古树5:

古树编号：6229260051

生长于东乡县达板镇黑石山村下社，地处北纬35°46′27.06″，东经103°35′28.29″，海拔1753m。平地，黄绵土，生长环境良好，生长在农耕地。树高8.1m，胸围280cm，冠幅东西9.5m，南北9.8m，平均冠幅9.6m，生长势一般。落叶乔木。

古树6：

古树编号：6229260052

　　生长于东乡县达板镇黑石山村下社，地处北纬35°46′30.75″，东经103°35′28.59″，海拔1751m。平地，黄绵土，生长环境良好，生长在农耕地。树高8.5m，胸围230cm，冠幅东西9.3m，南北9.25m，平均冠幅9.27m，生长势旺盛。落叶乔木。

古树7：

古树编号：6229260053

　　生长于东乡县达板镇黑石山村下社，地处北纬35°46′30.50″，东经103°35′26.49″，海拔1751m。平地，黄绵土，生长环境良好，生长在农耕地。树高8.7m，胸围200cm，冠幅东西9m，南北9m，平均冠幅9m，生长势一般。落叶乔木。

古树8：

古树编号：6229260054

　　生长于东乡县达板镇黑石山村下社，地处北纬35°46′30.50″，东经103°35′26.49″，海拔1751m。平地，黄绵土，生长环境良好，生长在石墙前。树高7.9m，胸围270cm，冠幅东西9.3m，南北6.3m，平均冠幅7.8m，生长势一般。落叶乔木。

红庄大接杏群落

古树1：

古树编号：6229260007	级　别：三级	树　龄：200年

生长于东乡县达板镇红庄村三社，地处北纬35°45′00″，东经103°35′00″，海拔1768m，平地，黄绵土，生长环境良好。树高11.2m，胸围340cm，冠幅东西12.6m，南北14.5m，平均冠幅13.5m，生长势一般。落叶乔木。

古树2：

古树编号：6229260014

级　　别：三级

树　　龄：120年

　　生长于东乡县达板镇红庄村三社，地处北纬35°45′00″，东经103°35′00″，海拔1768m，平地，黄绵土，生长环境良好。树高7.4m，胸围260cm，冠幅东西10.7m，南北6.3m，平均冠幅9m，生长势一般。落叶乔木。

古树3：

古树编号：6229260015

级　　别：三级

树　　龄：200年

生长于东乡县达板镇红庄村三社，地处北纬35°45′00″，东经103°35′00″，海拔1768m，平地，黄绵土，生长环境良好。树高7.1m，胸围220cm，冠幅东西5.9m，南北6.0m，平均冠幅5.95m。生长势一般，落叶乔木。

达板红庄软儿梨古树群

学　　名：软儿梨		别　　名：香水梨　化心梨　冻梨	
拉 丁 名：*Pyrus ussuriensis* "Ruanerli"		科　　属：蔷薇科　梨属	
级　　别：三级		平均树龄：200年	

　　软儿梨古树群，生长于东乡县达板镇红庄村，地处洮河西岸河谷，海拔1729~1768m，土壤为红土或黄绵土，洮河水自流灌溉，昼夜温差大，光照充足，适合梨树生长。现存古树120株，平均树高11m，平均基围280cm，平均冠幅11.1m。

古树1:

古树编号: 6229260010

　　生长于东乡县达板镇红庄村三社,地处北纬 35°46'00″,东经 103°35'00″,海拔1768m。平地,红壤土,生长环境良好。树高13.4m,胸围350cm,冠幅东西13.9m,南北11m,平均冠幅12.45m,生长势旺盛。落叶乔木。

古树2：

古树编号：6229260009

　　生长于东乡县达板镇红庄村三社，地处北纬35°46′00″，东经103°35′00″，海拔1768m。平地，红壤土，生长环境良好。树高11.2m，胸围260cm，冠幅东西10.9m，南北12.3m，平均冠幅11.6m，生长势旺盛。落叶乔木。

古树3：

古树编号：6229260011

　　生长于东乡县达板镇红庄村三社，地处北纬35°46′00″，东经103°35′00″，海拔1768m。平地，红壤土，生长环境良好。树高12.3m，胸围280cm，冠幅东西11.9m，南北12.5m，平均冠幅12.2m，生长势旺盛。落叶乔木。

古树4:

古树编号: 6229260012

　　生长于东乡县达板镇红庄村三社，地处北纬35°46′00″，东经103°35′00″，海拔1768m。平地，红壤土，生长环境良好。树高13.7m，胸围230cm，冠幅东西14.5m，南北9m，平均冠幅11.75m，生长势旺盛。落叶乔木。

古树5：

古树编号：6229260013

　　生长于东乡县达板镇红庄村三社，地处北纬35°46′00″，东经103°35′00″，海拔1768m。平地，红壤土，生长环境良好。树高13.9m，胸围230cm，冠幅东西15.7m，南北12.8m，平均冠幅14.25m，生长势旺盛。落叶乔木。

古树6：

古树编号：6229260016

　　生长于东乡县达板镇红庄村三社，地处北纬35°45′00″，东经103°35′00″，海拔1768m。平地，红壤土，生长环境良好。树高13.2m，胸围275cm，冠幅东西11.1m，南北12.8m，平均冠幅11.95m，生长势旺盛。落叶乔木。

古树7:

古树编号：6229260017

　　生长于东乡县达板镇红庄村三社，地处北纬35°45′00″，东经103°35′00″，海拔1768m。平地，红壤土，生长环境良好。树高11m，胸围320cm，冠幅东西14.7m，南北14.4m，平均冠幅14.5m，生长势旺盛。落叶乔木。

古树8：

古树编号：6229260018

　　生长于东乡县达板镇红庄村三社，地处北纬35°45′00″，东经103°35′00″，海拔1768m。平地，红壤土，生长环境良好。树高13m，胸围325cm，冠幅东西16.6m，南北13.8m，平均冠幅15.2m，生长势旺盛。落叶乔木。

古树9:

古树编号: 6229260019

　　生长于东乡县达板镇红庄村三社，地处北纬35°45′00″，东经103°35′00″，海拔1768m。平地，红壤土，生长环境良好。树高11m，胸围238cm，冠幅东西15.2m，南北14.1m，平均冠幅14.65m，生长势旺盛。落叶乔木。

古树10：

古树编号：6229260020

　　生长于东乡县达板镇红庄村三社，地处北纬35°45′00″，东经103°35′00″，海拔1768m。平地，红壤土，生长环境良好。树高14.5m，胸围335cm，冠幅东西14.6m，南北13.7m，平均冠幅14.15m，生长势旺盛。落叶乔木。

唐汪白咀吊蛋梨

学　　名：吊蛋	拉　丁　名：*Pyrus ussuriensis* "diaodan"	
科　　属：蔷薇科 梨属	级　　别：三级	树　　龄：150年

古树1：

古树编号：6229260055

　　生长于东乡县唐汪镇白咀村下社，地处北纬35°50′35.07″，东经103°30′58.54″，海拔1729m。平地，黄绵土，生长环境良好。树高15.9m，胸围320cm，冠幅东西15.5m，南北16m，平均冠幅15.8m，生长势旺盛。落叶乔木。

　　吊蛋生物学特性：落叶乔木，高达12m；小枝粗壮，老时变为灰褐色。系蔷薇科梨属秋子梨系统的一个地方栽培品种。叶片卵形至宽卵形，长5~10cm，宽4~6cm，先端短渐尖，基部圆形或近心形，稀宽楔形，边缘有带长刺芒状尖锐锯齿，两面无毛或在幼时有绒毛；叶柄长2~5cm。花序有花5~7朵；总花梗和花梗幼时有绒毛；花梗长2~5cm；花白色，直径3~3.5cm；花瓣卵形或宽卵形；花柱5，离生，近基部具疏生柔毛。梨果近长卵形，黄色，直径2~3cm，萼裂片宿存，基部微下陷，果梗长1~2cm。

　　吊蛋生长于临夏县、积石山县等海拔2000 m左右的地方，果品味酸甜、性温，含有多种氨基酸、糖类、维生素和钾、钙、铁等微量元素。

古树2：

古树编号：6229260057

生长于东乡县唐汪镇白咀村下社，地处北纬35°50′35.87″，东经103°30′57.45″，海拔1729m。平地，黄绵土，生长环境良好。树高14.1m，胸围355cm，冠幅东西16.2m，南北16m，平均冠幅16.1m，生长势旺盛。落叶乔木。

唐汪白咀软儿梨

学　　名：软儿梨		别　　名：香水梨　化心梨　冻梨		
拉丁名：*pyrus ussuriensis* "Ruanerli"		古树编号：6229260056		
科　　属：蔷薇科　梨属		级　　别：三级		树　　龄：200年

　　生长于东乡县唐汪镇白咀村，地处北纬35°50′36.29″，东经103°30′58.27″，海拔1729m。平地，黄绵土，生长环境良好。古树树龄200年，树高10.5m，胸围330cm，冠幅东西8.7m，南北8.9m，平均冠幅8.8m，生长势旺盛。落叶乔木。

那勒寺大树村青杆

学　　名：青杆	别　　名：细叶云杉　魏氏云杉　华北云杉
拉丁名：*Picea wilsonii* mast.	古树编号：6229260022
科　　属：松科　云杉属	级　　别：三级　　　　　　　　树　　龄：180年

生长于东乡县那勒寺镇大树村，地处北纬 35°47′55″，东经 103°11′3629″，海拔 2366m。平地，黄绵土，生长环境较差。树高 25m，胸围 175cm，冠幅东西 12m，南北 11m，平均冠幅 11.5m，树体高大，主干通直，生长势旺盛。常绿乔木。

那勒寺大树村侧柏

学　　名：侧柏	别　　名：扁柏　柏树
拉 丁 名：*Platycladus orientalis*（L.）Endl.	古树编号：6229260024
科　　属：柏科　侧柏属	级　　别：三级　　　　　　　　　　树　　龄：180 年

生长于东乡县那勒寺大树村，地处北纬 35°47′55″，东经 103°11′36.29″，海拔 2366m。平地，黄绵土，生长环境较差，离建筑物较近。树高 8.0m，冠幅东西 14.2m，南北 13.8m，平均冠幅 14m，生长势旺盛。常绿乔木。

锁南青杆

学　名：青杆	别　名：细叶云杉　魏氏云杉　华北云杉
古树编号：6229260027　6229260028	拉丁名：*Picea wilsonii* Mast.
科　属：松科　云杉属	级　别：三级　　　　　　　　树　龄：500年

生长于东乡县锁南镇民政局院内，地处北纬35°39′48.79″，东经103°23′35.15″，海拔2411m。平地，黑土。院内有两株青杆树，西侧一株树高26.5m，胸围235cm，冠幅东西6.8m，南北7.3m，平均冠幅7.5m；东侧一株高25m，胸围262cm，冠幅东西10.1m，南北9.3m，平均冠幅9.7m。两树相距约5m。

古树历史： 据说此地原为"二郎庙"所在地，两株树植于庙门前，约500年的历史。两树连理而生，树形挺拔通直，树枝下垂，树皮光洁，球果密生，青翠茁壮。东侧一株体态丰满，绰约多姿，长枝下垂，针叶浓密，似长发垂肩的少女。西侧一株树冠较窄，枝条较短，主干稍细，宛若短发颀长的少女。两树梢部相连，形同相依相偎的姊妹，以其优美挺拔的风姿，更添锁南山城的风光。

锁南毛毛村古柳

学　　名：旱柳		别　　名：柳树　直柳　河柳		
拉丁名：*Salix matsudana*		古树编号：6229260029		
科　　属：杨柳科　柳属		级　　别：三级		树　　龄：200年

　　生长于东乡县锁南镇毛毛村公墓区附近，地处北纬35°40′37.24″，东经103°24′04.45″，海拔2375m。平地，黄麻土，生长环境较差，树的一边为坎子，约1m的根裸露，东侧砖墙阻挡了古树生长。树高10.4m，胸围660cm，冠幅东西19.3m，南北20m，平均冠幅20m。树姿开张，树形优美，枝干苍老，生长势较差。落叶乔木。

锁南毛毛村古榆

学　　名：白榆		别　　名：榆树　家榆			
拉丁名：*Ulmus pumila* L.		古树编号：6229260030			
科　　属：榆科　榆属		级　　别：三级		树　　龄：280年	

　　生长于东乡县锁南镇毛毛村公墓区，地处北纬35°40′33.94″，东经103°24′08.16″，海拔2259m。坡地，黄绵土，生长环境良好。树高14.3m，胸围380cm，冠幅东西22m，南北24m，平均冠幅23m，树冠庞大，枝繁叶茂，主干短粗，树皮深裂，生长势旺盛。落叶乔木。

伊哈池拱北青杆

学　名：青杆		别　名：细叶云杉　魏氏云杉　华北云杉	
拉丁名：*Picea wilsonii* Mast.		古树编号：6229260031~6229260033	
科　属：松科　云杉属		级　别：三级	

古树1：

古树编号：6229260031
树　龄：150年

　　生长于东乡县锁南镇毛毛村伊哈池拱北院内，地处北纬35°38′3510″，东经103°23′4208″，海拔2463m，平地，黑土，生长环境良好。树高24.5m，胸围155cm。主干通直，生长势旺盛，常绿乔木。

古树2：

古树编号：6229260032　　　　　　　　树　　龄：180年

生长于东乡县锁南镇伊哈池拱北院内，地处北纬35°38′35.10″，东经103°23′42.08″，海拔2463m。平地，黄绵土，生长环境良好。树高25m，胸围165cm，生长势较差，部分树冠被砍。常绿乔木。

古树3：

| 古树编号：6229260033 | 树　　龄：180 年 |

生长于东乡县锁南镇毛毛村伊哈池拱北院内，地处北纬 35°38′35.10″，东经 103°23′42.08″，海拔 2363m。平地，黑土，生长环境良好。树高 25.5m，胸围 150cm，冠幅东西 6m，南北 6m，平均冠幅 6m。生长势旺盛。常绿乔木。

伊哈池拱北古榆

学　　名：白榆	别　　名：春榆　榆钱树		
拉 丁 名：*Ulmus pumila* L	古树编号：6229260034		
科　　属：榆科　榆属	级　　别：三级	树　　龄：200年

生长于东乡县锁南镇毛毛村伊哈池拱北，地处北纬35°38′3536″，东经103°23′4111″，海拔2472m。平地，黑土，生长环境良好。树高19.4m，胸围250cm，冠幅东西13.5m，南北13m，平均冠幅13.25m。树体高大，枝干弯曲生长，树皮苍老、深裂，生长势旺盛。落叶乔木。

红山寺朴树

学　　名：小叶朴	别　　名：黑弹木　朴树　棒棒树	
拉丁名：*Celtis bungeana*	古树编号：6229260036	
科　　属：榆科　朴属	级　　别：三级	树　　龄：100年

　　生长于东乡县河滩镇汪胡村红山寺院内，地处北纬35°40′21.72″，东经103°24′06.32″，海拔1736m。平地，黄绵土，生长环境一般。树高14.8m，胸围172cm，冠幅东西11.6m，南北11.5m，平均冠幅11.55m。树形高大、美观，生长势旺盛。落叶乔木。

红山寺老槐树

学　　名:国槐	别　　名:槐树　家槐	
拉 丁 名:*Sophora japonica* L.	古树编号:6229260037	
科　　属:豆科　槐属	级　　别:三级	树　　龄:100年

生长于东乡县河滩镇汪胡村红山寺门前,地处北纬35°40′21.72″,东经103°24′06.32″,海拔1736m。平地,黄绵土,生长环境良好。树高15.2m,胸围180cm,冠幅东西12.2m,南北12.5m,平均冠幅12.35m。树体高大,两大主枝蜿蜒向上生长,生长势旺盛。落叶乔木。

祁杨红柳

学　　名：甘蒙柽柳		别　　名：红柳　阴柳	
拉丁名：*Tamarix austromongolica* Nakai.		古树编号：6229260038	
科　　属：柽柳科　柽柳属		级　　别：三级	树　　龄：150年

　　生长于东乡县河滩镇祁杨村，刘家峡水库南岸。地处北纬35°47′55″，东经103°11′36.29″，海拔1759m。平地，黄绵土，生长环境较差。高6.2m，基围320cm，树冠南北14.2m，东西14.2m，主干倾斜，根部盘根错节。

　　古树历史：据当地群众讲，100多年前村民从祁杨大路向黄河修建了一条小路，直通黄河，因小路与大路垂直，故名立路。后来人们为求得平安，在立路旁修了一座庙，取名"立路庙"。庙前用石头堆起了一个石垒，石垒上栽上了这株红柳，取名"压路树"。

　　甘蒙柽柳生物学特性：灌木或小乔木，高1.5~6m；树干和老枝栗红色；幼枝及嫩枝质硬直伸。叶灰蓝绿色，自下而上阔卵形、卵状披针形至长圆状披针形，长2~3mm，先端尖刺状，基部鼓胀。春季的总状花序侧生，花序轴质硬而直伸，长3~4cm，着花较密，花梗极短；夏、秋季的总状花序较狭细，集成大型顶生圆锥花序；花淡紫红色，5数；花瓣顶端向外反折，花后宿存；雄蕊5，长于花瓣；柱头3。蒴果长三棱锥形，长约5mm；种子先端具无柄毛束。

　　原产青海、甘肃、宁夏、内蒙古、陕西、山西、河北、河南等省区。生于盐渍化河漫滩及冲积平原、盐碱沙荒地及灌溉盐碱地边。枝条坚韧，为编筐原料，老枝用作农具柄。

唐汪白咀古柳

学　　名：旱柳		别　　名：柳树　直柳　河柳		
拉 丁 名：*Salix matsudana* Koidz.		古树编号：6229260058		
科　　属：杨柳科　柳属		级　　别：三级		树　　龄：150年

　　生长于东乡县唐汪镇白咀村洮河边，地处北纬 35°50′51.12″，东经 103°30′52.28″，海拔1730m。平地，沙土，生长环境一般。树高15.3m，胸围540cm。主干已倒伏，生长势旺盛。落叶乔木。

关卜漫坪皮胎果群落

学　　名：皮胎果	别　　名：剥皮梨　酸巴梨　芽面包
拉 丁 名：*Pyrus sinkjorgensis* Yü	科　　属：蔷薇科　梨属

此群落生长于东乡县关卜乡漫坪村，共有9株，平均树龄115年，平均胸围217cm。

古树1：

古树编号：6229260064
级　　别：三级
树　　龄：120年

　　生长于东乡县关卜乡漫坪村六社，地处北纬35°30′25.41″，东经103°23′30.57″，海拔2236m。平地，黄麻土，一侧道路硬化影响古树生长，环境一般。树高12.2m，胸围240cm，冠幅东西7.9m，南北6.5m，平均冠幅7.2m，生长势旺盛。落叶乔木。

古树2：

古树编号：6229260073
级　　别：三级
树　　龄：100年

　　生长于东乡县关卜乡漫坪村六社，地处北纬35°32′26.40″，东经103°20′37.56″，海拔2235m。平地，黄麻土，生长环境良好。树高8.6m，胸围180cm，冠幅东西6m，南北6m，平均冠幅6m，生长势一般。落叶乔木。

古树3：

古树编号：6229260077
级　　别：三级
树　　龄：120年

　　生长于东乡县关卜乡漫坪村六社，地处北纬35°32′13″，东经103°21′10″，海拔2239m。平地，黄麻土，生长环境良好。树高13.5m，胸围255cm，冠幅东西12.3m，南北12m，平均冠幅12.15m，生长势一般。落叶乔木。

关卜大松树

学　　名：青杆		别　　名：细叶云杉　魏氏云杉　华北云杉	
拉 丁 名：*Picea wilsonii* Mast.		古树编号：6229260079	
科　　属：松科　云杉属		级　　别：三级	树　　龄：150年

生长于东乡县关卜乡百合岘，地处北纬 35°33′22.96″，东经 103°21′17.57″，海拔 2349m。平地，黑土，生长环境良好。树高 23m，胸围 155cm，树形高大挺拔，主干通直圆满，生长势旺盛。常绿乔木。

百和大松树

学　名：青杆		别　　名：细叶云杉　魏氏云杉　华北云杉		
拉 丁 名：*Picea wilsonii* Mast.		古树编号：6229260078		
科　属：松科　云杉属		级　别：三级		树　龄：150 年

生长于东乡县百和乡政府院内，地处北纬 35°33′22.96″，东经 103°21′17.57″，海拔 2349m。平地，黑土，生长环境一般，树冠周围有水泥硬化。树高 24m，胸围 195cm，冠幅东西 14.2m，南北 13.8m，平均冠幅 14m。树体高大挺拔，主干通直圆满，树冠塔形，生长势旺盛。常绿乔木。

布楞沟红军果

学　　名：文冠果		别　　名：文冠树　文官果　木瓜		
拉 丁 名：*Xanthoceras sorbifolia* Bunge		古树编号：6229260080		
科　　属：无患子科　文冠果属		级　　别：三级		古树树龄：87年

　　生长于东乡县高山乡布楞沟村，地处北纬35°42′18.47″，东经103°34′54.13″，海拔1845m。树高5m，地径140cm，最大分枝地径86cm，南北冠幅8.2m，东西冠幅7.5m。长势旺盛，落叶灌木或小乔木。

　　在东乡县高山乡布塄沟村的这株文冠果树已纳入国家级种质资源库，主干（已填埋）3m处三大分支分为九分支，枝叶茂密，叶色翠绿，长势强旺，每逢6月盛花期香气袭人，飘满全村。

　　据说，此树是1936年9月，村民马祥寿（已故）的祖母从娘家景古城带来几粒红军留下的文冠果种子，播种在自家门口长大而成。

生物学特性：落叶灌木或小乔木，高达8m；树皮灰褐色，小枝有短绒毛。单数羽状复叶，长15~30cm，小叶9~19，膜质，狭椭圆形至披针形，长2~6cm，宽1~2cm，下面疏生星状柔毛。圆锥花序长12~30cm；花杂性，花梗纤细，长12~20mm；萼片5，长椭圆形；花瓣5，白色，基部红色或黄色，长1.7cm；花盘5裂，裂片背面有一角状橙色的附属体；雄蕊8。蒴果长3.5~6cm，室裂为3果瓣，果皮厚木栓质。

分布于东北、华北、甘肃、河南。根深，抗旱力较强，黄土地区均能生长。种子油供食用或制肥皂；种子嫩时白色，可食。

临夏州一级古树调查汇总表

填报单位：临夏州林业和草原局

单位：年、cm

序号	编号	树种 中文名	树种 拉丁文	树种 别名	科	属	经度	纬度	树龄	树高	胸围	具体生长地点	长势	权属	保护措施
临夏市															
1	6229010001	侧柏	Biota orientalis	扁柏、柏树	柏科	侧柏属	103°15′17.86″	35°36′45.85″	660	1000	176	临夏市南龙镇妥家五队清真寺院内	正常	集体	一般保护
2	6229010002	白榆	Ulmus pumila	家榆、榆树	榆科	榆属	103°6′9.94″	35°32′43.71″	500	160	320	临夏市枹罕镇王坪村上坪社农田内	正常	个人	一般保护
3	6229010003	白榆	Ulmus pumila	家榆、榆树	榆科	榆属	103°5′57.66″	35°32′51.96″	260	80	316	临夏市枹罕镇王坪村上坪社10号居民门口	正常	个人	一般保护
4	6229010004	绦柳	Salix babylonica	柳树、倒柳	杨柳科	柳属	103°14′58.08″	35°39′05.07″	520	1500	1030	临夏市折桥镇桥头郭牟村文化广场内	正常	个人	一般保护
5	6229010005	垂柳	Salix babylonica	倒柳、倒挂柳	杨柳科	柳属	103°11′16.4″	35°35′26.08″	200	200	477	临夏市城郊镇瓦窑头村刘家寺巷中部	正常	个人	一般保护
临夏县															
1	6229210001	国槐	Sophora japonica	槐树、家槐	豆科	槐树属	103°14′9.62″	35°35′56.51″	600	2400	520	临夏县北塬乡上石村上石小学院内	旺盛	集体	护栏
2	6229210002	国槐	Sophora japonica	槐树、家槐	豆科	槐树属	103°14′9.62″	35°35′56.51″	610	1850	420	临夏县北塬乡上石村上石小学院内	旺盛	集体	护栏
3	6229210003	国槐	Sophora japonica	槐树、家槐	豆科	槐树属	103°12′55″	35°41′9.84″	600	1500	320	临夏县先锋乡赵官村赵三社农家12号	衰弱	个人	无
广河县															
1	6229240001	冬瓜杨	Populus purdomii	大官杨	杨柳科	杨属	103°17′35.74″	35°16′25.46″	500	1800	510	广河县买家巷乡马家明村张家卜社34号	旺盛	集体	一般保护

续表

序号	编号	树种 中文名	树种 拉丁文	树种 别名	科	属	经度	纬度	树龄	树高	胸围	具体生长地点	长势	权属	保护措施
2	6229240003	青杨	Populus cathayana	家白杨、苦杨	杨柳科	杨属	103°15′6.24″	35°16′43.39″	500	1800	510	广河县买家巷镇李家寺村秦家山社	旺盛	集体	护栏
3	6229240004	白榆	Ulmus pumila	榆树、家榆	榆科	榆属	103°25′14.32″	35°27′8.15″	540	1200	520	广河县买家巷镇李家寺村秦家山社	一般	集体	一般保护
康乐县															
1	6229220001	白榆	Ulmus pumila	榆树、家榆	榆科	榆属	103°37′38.42″	35°17′31.23″	550	1200	700	康乐县上湾乡上湾村大老料口路边	正常	集体	一般保护
2	6229220002	青杨	Populus cathayana	家白杨、苦杨	杨柳科	杨属	103°27′10.13″	35°18′7.15″	510	2500	575	康乐县八松乡塔庄村上塔庄	弱	集体	一般保护
3	6229220003	白榆	Ulmus pumila	榆树、家榆	榆科	榆属	103°41′40.87″	35°26′30.30″	510	1700	630	康乐县流川乡范家村老庄南72号门前	正常	集体	一般保护
4	6229220004	青杨	Populus cathayana	家白杨、苦杨	杨柳科	杨属	103°41′43.33″	35°5′16.08″	500	1200	440	康乐县景古镇牟家沟村牟家庄36号斜对面路边	正常	集体	一般保护
永靖县															
1	6229230002	油松	Pinus tabulaeformis	松树、短针松	松科	松属	103°36′42.68″	35°59′59.71″	520	1100	205	永靖县关山乡南堡村神树岘路边台地	正常	国有	一般保护
2	6229230003	油松	Pinus tabulaeformis	松树、短针松	松科	松属	103°28′0.60″	35°54′50.40″	500	1500	215	永靖县三条岘乡塔什堡村国有巴米山林场巴米山池	正常	国有	一般保护
3	6229230004	小叶朴	Celtis bungeana	黑弹木、朴树、棒棒树	榆科	朴属	103°28′0.46″	35°54′8.94″	500	950	190	永靖县三条岘乡塔什堡村巴米山池院内	正常	集体	一般保护
东乡县															
1	6229260001	白榆	Ulmus pumila	榆树、家榆	榆科	榆属	103°33′21.16″	35°47′48.9″	520	950	510	东乡县唐汪镇张家村	正常	个人	一般保护

续表

| 序号 | 编号 | 树种 | | | 科 | 属 | 经度 | 纬度 | 树龄 | 树高 | 胸围 | 具体生长地点 | 长势 | 权属 | 保护措施 |
		中文名	拉丁文	别名											
2	6229260002	白榆	*Ulmus pumila*	榆树、家榆	榆科	榆属	103°23′36.2″	35°53′36.5″	510	750	562	东乡县董岭乡土坝塬前庄村	正常	个人	一般保护
3	6229260081	国槐	*Sophora japonica*	槐树、家槐	豆科	槐树属	103°27′31.88″	35°36′32.64″	500	1800	516	东乡县那勒寺乡大树村大树社	正常	个人	一般保护
4	6229260004	白榆	*Ulmus pumila*	榆树、家榆	豆科	槐树属	103°26′45″	35°51′42″	510	1280	430	东乡县董岭乡赵家村	正常	个人	一般保护
积石山县															
1	6229270001	辽东栎	*Quercus liaotungensis*	青冈、柴树	壳斗科	栎属	102°47′21.45″	35°44′16.01″	560	1600	495	积石山县刘集乡河崖村河崖小学附近	正常	个人	一般保护
2	6229270002	白榆	*Ulmus pumila*	榆树、家榆	榆科	榆属	102°59′24.99″	35°45′47.45″	510	1700	534	积石山县安集乡风林村马家咀	正常	个人	一般保护
3	6229270003	白榆	*Ulmus pumila*	榆树、家榆	榆科	榆属	102°57′8.01″	35°46′20.20″	520	1440	580	积石山县关家川乡关集村旁	衰弱	集体	一般保护

临夏州二级古树调查汇总表

填报单位：临夏州林业和草原局

单位：株、cm

序号	编号	树种 中文名	树种 拉丁文	树种 别名	科	属	经度	纬度	树龄	树高	胸围	具体生长地点	长势	权属	保护措施
								临夏市							
1	6229010006	垂柳	Salix babylonica	柳树、倒柳	杨柳科	柳属	102°47'21.44"	35°44'16.04"	400	1800	150	临夏市八坊办事处王寺村坝口巷	衰弱		一般保护
2	6229010007	旱柳	Salix matsudana	柳树、直柳、河柳	杨柳科	柳属	103°14'38.00"	35°38'38.42"	440	2200	803	临夏市折桥镇大庄村大树根	正常		一般保护
3	6229010008	旱柳	Salix matsudana	柳树、直柳、河柳	杨柳科	柳属	103°15'15.24"	35°38'39.45"	400	2400	742	临夏市折桥镇九眼泉小学门前	正常		一般保护
4	6229010009	垂柳	Salix babylonica	柳树、倒柳	杨柳科	柳属	103°15'15.33"	35°38'39.60"	300	2200	450	临夏市折桥镇九眼泉福神庙对面	正常		一般保护
								临夏县							
1	6229210004	波氏杨	Populus david	大官杨	杨柳科	杨属	102°51'22"	35°31'50.23"	400	3200	266	临夏县麻尼寺沟乡关滩村龙头河	正常	集体	护栏
2	6229210005	华山松	Populus david	白松、五须松、青松、五叶松	松科	松属	103°1'48.59"	35°28'26.13"	300	1700	160	临夏县马集镇庙山村大庙山坡顶	正常	集体	护栏
3	6229210006	杨树	Populus david	大官杨	杨柳科	杨属	102°51'36.98"	35°31'50.23"	300	2200	260	临夏县麻尼寺沟乡关滩村龙头河	正常	集体	无
4	6229210007	杨树	Populusdavidiara	山杨	杨柳科	杨属	103°07'5.85"	35°25'19.18"	300	2100	176	临夏县漫路乡唐家外村唐家垭壑山嘴	衰弱	个人	无
5	6229210008	垂柳	Salix babylonica	柳树、倒柳	杨柳科	柳属	103°5'55.06"	35°31'30.31"	350	1000	360	临夏县新集镇古城村辛家台下社	弱	个人	一般保护
6	6229210009	柳树	Salix babylonica	柳树、倒柳	杨柳科	柳属	103°2'40.43"	35°30'6.99"	300	1000	320	临夏坪村四社68号路路边	一般	集体	无

续表

序号	编号	树种 中文名	树种 拉丁文	树种 别名	科	属	经度	纬度	树龄	树高	胸围	具体生长地点	长势	权属	保护措施
和政县															
1	6229250023	山荆子	Malus baccata	山定子、海棠、红石枣	蔷薇科	苹果属	103°4'25.27"	35°14'12.10"	400	1180	305	和政县罗家集乡大坪村大山寺	正常	个人	一般保护
2	6229250026	春榆	Ulmus pumila	栓翅榆	榆科	榆属	103°07'4396"	35°23'5633"	400	1990	411	和政县罗家集乡大坪村上大坪	正常	个人	一般保护
3	6229250029	青杨	Populus cathayana	家白杨、苦杨	杨柳科	杨属	103°07'59.3"	35°02'24.88"	400	1250	615	和政县罗家集乡大坪村下大坪	衰弱	集体	一般保护
4	6229250040	旱柳	Salix matsudana	柳树、直柳、河柳	杨柳科	柳属	103°09'55.4"	35°22'52.9"	350	1690	496	和政县罗家集乡三岔沟村丁家山	正常	个人	一般保护
5	6229250042	皮胎果	Pyrus ussuriensis	剥皮梨、酸巴梨、芽面包	蔷薇科	梨属	103°09'55.5"	35°22'52.10"	305	1020	319	和政县罗家集乡三岔沟村丁家山	正常	个人	一般保护
6	6229250044	皮胎果	Pyrus ussuriensis	剥皮梨、酸巴梨、芽面包	蔷薇科	梨属	103°09'55.6"	35°22'52.11"	310	780	316	和政县罗家集乡三岔沟村丁家山	衰弱	个人	一般保护
7	6229250062	白榆	Ulmus pumila	家榆、榆树	榆科	榆属	103°13'48.9"	35°29'38.9"	260	1650	350	和政县三合镇虎家村西社	衰弱	个人	一般保护
8	6229250063	白榆	Ulmus pumila	家榆、榆树	榆科	榆属	103°22'19.9"	35°23'23.64"	100	1500	338	和政县三十里铺镇三十里铺村朱家社	正常	集体	一般保护
9	6229250066	北京丁香	Syringa pekinensis	山丁香	木犀科	丁香属	103°19'5212"	35°24'5631"	100	310	141	和政县城关镇后寨子村后寨子学校	正常	个人	一般保护
10	6229250008	云杉	Picea asperata	粗枝云杉、大果云杉、粗皮云杉	松科	云杉属	103°6'3.76"	35°14'3.31"	330	1470	217	和政县小滩村慈娲河寺	正常	个人	一般保护
广河县															
1	6229240002	青杨	Populus cathayana	家白杨、苦杨	杨柳科	杨属	103°15'48.26"	35°13'23.39"	450	2100	370	广河县官坊乡魏家沟村魏家坪大寺背后	正常	个人	一般保护

续表

序号	编号	树种 中文名	树种 拉丁文	树种 别名	科	属	经度	纬度	树龄	树高	胸围	具体生长地点	长势	权属	保护措施
2	6229240005	白榆	Ulmus pumila	家榆、榆树	榆科	榆属	103°28′29.90″	35°17′42.80″	350	920	430	广河县齐家镇王家沟村委会门口	旺盛	集体	一般保护

康乐县

序号	编号	树种 中文名	树种 拉丁文	树种 别名	科	属	经度	纬度	树龄	树高	胸围	具体生长地点	长势	权属	保护措施
1	6229220009	小青杨	Populus simonii	小叶杨、白杨	杨柳科	杨属	103°40′48.51″	35°4′54.67″	300	2500	490	康乐县景古镇牟家沟村阳山14号门前	正常	集体	一般保护
2	6229220007	皮胎果	Pyrus ussuriensis	剥皮梨、酸巴梨、芽面包	蔷薇科	梨属	103°29′23.08″	35°19′50.69″	500	1500	300	康乐县八松乡那尼头村潘家山路边坎子	正常	集体	一般保护
3	6229220010	青杨	Populus cathayana	家白杨、苦杨	杨柳科	杨属	103°32′9.79″	35°16′7.70″	300	400	580	康乐县鸣关乡鹿关村鸣关6社293号门前	正常	集体	一般保护
4	6229220008	国槐	Sophora japonica	槐树、家槐	豆科	槐属	103°40′37.66″	35°20′14.27″	410	1500	490	康乐县附城镇松树沟村上坡8号房背后	正常	集体	一般保护
5	6229220005	青杨	Populus cathayana	家白杨、苦杨	杨柳科	杨属	103°27′47.98″	35°16′28.37″	340	1800	650	康乐县八松乡烈瓦村荣子沟门社山底	衰弱	集体	一般保护
6	6229220006	青杨	Populus cathayana	家白杨、苦杨	杨柳科	杨属	103°27′48.78″	35°16′36.45″	330	3500	535	康乐县八松乡烈瓦村荣子沟门社4号门前茔庙门前路边	正常	集体	一般保护

永靖县

序号	编号	树种 中文名	树种 拉丁文	树种 别名	科	属	经度	纬度	树龄	树高	胸围	具体生长地点	长势	权属	保护措施
1	6229230005	云杉	Picea asperata	粗枝云杉、大果云杉、粗皮云杉	松科	云杉属	103°34′46.42″	36°1′20.29″	420	2900	198	永靖县关山乡南堡村巴米山林场抱龙山管护站	正常	国有	一般保护
2	6229230006	云杉	Picea asperata	粗枝云杉、大果云杉、粗皮云杉	松科	云杉属	103°34′46.42″	36°1′20.29″	420	2800	147	永靖县关山乡南堡村巴米山林场抱龙山管护站	正常	国有	一般保护

续表

序号	编号	中文名	拉丁文	别名	科	属	经度	纬度	树龄	树高	胸围	具体生长地点	长势	权属	保护措施
3	6229230007	云杉	Picea asperata	粗枝云杉、大果云杉、粗皮云杉	松科	云杉属	103°34'46.42"	36°1'20.29"	420	2800	169	永靖县关山乡南堡村巴米山林场抱龙山管护站	正常	国有	一般保护
4	6229230008	云杉	Picea asperata	粗枝云杉、大果云杉、粗皮云杉	松科	云杉属	103°34'46.42"	36°1'20.29"	420	2800	160	永靖县关山乡南堡村巴米山林场抱龙山管护站	正常	国有	一般保护
5	6229230013	白榆	Ulmus pumila	榆树、家榆	榆科	榆属	103°34'31.03"	36°1'51.95"	310	800	440	永靖县三条岘乡塔什堡村巴米山山池	正常	国有	护栏
6	6229230015	白榆	Ulmus pumila	家榆、榆树	榆科	榆属	103°1'34.9"	35°48'39.40"	321	1000	300	永靖县王台镇塔坪村谢家庄谢社路口	正常	国有	一般保护
7	6229230016	白榆	Ulmus pumila	家榆、榆树	榆科	榆属	103°1'46.55"	35°48'23.92"	321	2800	300	永靖县王台镇塔坪村谢家庄南沟底	正常	国有	一般保护
8	6229230001	白榆	Ulmus pumila	家榆、榆树	榆科	榆属	103°91'32.07"	35°54'30.47"	300	2000	430	永靖县王台镇塔坪村谢家社	正常	集体	一般保护
9	6229230009	侧柏	Biota orientalis	扁柏、香柏	柏科	侧柏属	103°11'55.62"	35°53'21.91"	300	1400	126	永靖县三塬镇刘家塬村庙门前	正常	集体	砌树池
10	6229230010	侧柏	Biota orientalis	扁柏、香柏	柏科	侧柏属	103°15'55.62"	35°53'21.91"	300	1400	280	永靖县三塬镇刘家塬村庙门前	正常	集体	砌树池
11	6229230001	白榆	Ulmus pumila	家榆、榆树	榆科	榆属	103°9'32.07"	35°54'30.47"	300	2000	430	永靖县三塬镇三联村路口	正常	集体	砌树池

东乡县

序号	编号	中文名	拉丁文	别名	科	属	经度	纬度	树龄	树高	胸围	具体生长地点	长势	权属	保护措施
1	6229260003	白榆	Ulmus pumila	家榆、榆树	榆科	榆属	103°26'60"	35°49'1634"	300		368	东乡县董岭乡董家沟村委会阴洼社	正常	个人	一般保护
2	6229260004	白榆	Ulmus pumila	家榆、榆树	榆科	榆属	103°26'45"	35°51'42"	310	1280	240	东乡县董岭乡范家塬社大山村	正常		一般保护

续表

序号	编号	树种		科	属	经度	纬度	树龄	树高	胸围	具体生长地点	长势	权属	保护措施
		中文名	拉丁文	别名										
						积石山县								
1	6229270004	水曲柳	Fraxinus mandschurica	东北桦	木犀科	梣属	35°44′16.04″	35°44′16.04″	420	1300	250	积石山县刘集乡河崖村河崖小学附近	衰弱	个人	一般保护
2	6229270005	胡桃	Juglans regia	绵核桃、波斯胡桃	胡桃科	胡桃属	102°47′13.79″	35°50′52.71″	380	2000	570	积石山县大河家镇周家村村委会	正常	个人	一般保护
3	6229270006	胡桃	Juglans regia	绵核桃、波斯胡桃	胡桃科	胡桃属	102°47′30.69″	35°51′12.65″	300	2300	540	积石山县大河家镇周家村8社	一般	个人	一般保护
4	6229270007	胡桃	Juglans regia	绵核桃、波斯胡桃	胡桃科	胡桃属	102°46′54.12″	35°46′58.15″	300	1800	440	积石山县刘集刘家村姬家8社	一般	个人	一般保护
5	6229270008	胡桃	Juglans regia	绵核桃、波斯胡桃	胡桃科	胡桃属	102°46′55.65″	35°48′25.82″	300	1600	1036	积石山县大河家村陶家村3社	一般	个人	一般保护
6	6229270009	胡桃	Juglans regia	绵核桃、波斯胡桃	胡桃科	胡桃属	103°13′48.7″	35°47′30.25″	300	1500	240	积石山县安集乡三坪村头坪社	一般	个人	一般保护
7	6229270010	胡桃	Juglans regia	绵核桃、波斯胡桃	胡桃科	胡桃属	102°45′52.66″	35°49′15.58″	300	1800	471	积石山县大河家镇康吊村前川	一般	个人	一般保护

临夏州三级古树调查汇总表

单位：株、cm

序号	编号	中文名	拉丁文	别名	科	属	经度	纬度	树龄	树高	胸围	具体生长地点	长势	权属	保护措施
								临夏市							
1	6229010006	垂柳	Salix babylonica	倒柳、倒挂柳	杨柳科	柳属	102°47′2144″	35°44′1604″	120	180	150	临夏市八坊办事处王寺坝口巷	正常	个人	一般保护
2	6229010007	旱柳	Salix matsudana	柳树、直柳、河柳	杨柳科	柳属	103°14′38″	35°38′38.42″	280	220	803	临夏市折桥镇大庄村大树根	正常	个人	一般保护
3	6229010011	旱柳	Salix matsudana	柳树、直柳、河柳	杨柳科	柳属	103°12′25.35″	35°35′42.10″	210	2000	310	临夏市北大街南侧	正常	国有	一般保护
4	6229010013	旱柳	Salix matsudana	柳树、直柳、河柳	杨柳科	柳属	103°12′29.18″	35°35′51.39	210	2000	307	临夏市新华社区中国银行门口	正常	集体	一般保护
5	6229010014	刺槐	Robinia pseudoacacia	洋槐	蝶形花科	刺槐属	103°11′59.32″	35°35′47.45″	100	1600	270	临夏市红园村红园广场	正常	个人	一般保护
								临夏县							
1	6229210004	冬瓜杨	Populus pordomii	大官杨	杨柳科	杨柳属	102°51′22	35°31′50.23″	150	320	266	临夏县麻尼寺沟乡关滩村龙头河	正常	个人	一般保护
2	6229210005	华山松	Pinus armandii	白松、五须松、青松、五叶松	松科	松属	103°1′48.59″	35°28′26.13″	160	170	160	临夏县马集镇庙山村	正常	个人	一般保护
3	6229210006	冬瓜杨	Populus pordomii	大官杨	杨柳科	杨柳属	102°51′36.98″	35°31′50.23″	150	220	260	临夏县麻尼寺沟乡关滩村	正常	个人	一般保护
4	6229210007	青杨	Populus cathayana	家白杨、苦杨	杨柳科	杨柳属	103°07′5.85″	35°25′19.18″	150	210	170	临夏县漫路乡唐家外村唐家垭壑	正常	个人	一般保护
5	6229210008	垂柳	Salix babylonica	柳树、直柳、河柳	杨柳科	杨柳属	103°5′55.06″	35°31′30.31″	180	100	360	临夏县新集镇古城村辛家台下社	正常	个人	一般保护
6	6229210009	旱柳	Salix matsudana	柳树、直柳、河柳	杨柳科	柳属	103°2′40.43″	35°30′6.99″	180	100	320	临夏县新集镇杨坪村四社68号门前	正常	个人	一般保护

续表

序号	编号	树种 中文名	树种 拉丁文	别名	科	属	经度	纬度	树龄	树高	胸围	具体生长地点	长势	权属	保护措施
7	6229210010	青杆	Picea wilsonii	细叶云杉、魏氏云杉、华北云杉	松科	云杉属	103°6′12.24″	35°22′18.48″	280	2600	260	临夏县土桥镇大鲁家村六队耕地	正常	个人	无
8	6229210010	青杆	Picea wilsonii	细叶云杉、魏氏云杉、华北云杉	松科	云杉属	103°6′12.2	35°22′18.48″	280	260	260	临夏县土桥镇大鲁家村六队	正常	个人	一般保护
9	6229210011	白榆	Ulmus pumila	家榆、榆树	榆科	榆属	103°12′51″	35°37′44″	150	1300	295	临夏县北塬乡钱家村钱家社路边	旺盛	个人	护栏
10	6229210012	白榆	Ulmus pumila	家榆、榆树	榆科	榆属	103°6′11.43″	35°32′16.50″	100	2220	235	临夏县新集镇苗家村袁家庄三社	正常	集体	无
11	6229210013	青杆	Picea wilsonii	细叶云杉、魏氏云杉、华北云杉	松科	云杉属	103°6′9.36″	35°30′40.51″	140	2500	170	临夏县新集镇古城村马家社	正常	个人	无
12	6229210014	侧柏	Biota orientalis	扁柏、香柏	柏科	侧柏属	102°59′48.6″	35°29′32.84″	120	990	210	临夏县韩集镇阳洼山村烈士陵园	正常	国有	无
13	6229210015	侧柏	Biota orientalis	扁柏、香柏	柏科	侧柏属	102°59′32.84″	35°29′48.6″	120	1110	290	临夏县韩集镇阳洼山村烈士陵园	正常	国有	无
14	6229210016	侧柏	Biota orientalis	扁柏、香柏	柏科	侧柏属	102°59′4860″	35°29′3284″	120	8700	180	临夏县韩集镇阳洼山村烈士陵园	正常	国有	无
15	6229210017	侧柏	Biota orientalis	扁柏、香柏	柏科	侧柏属	102°59′48.6″	35°29′32.84″	120	8400	187	临夏县韩集镇阳洼山村烈士陵园	正常	国有	无
16	6229210018	侧柏	Biota orientalis	扁柏、香柏	柏科	侧柏属	102°59′32.84″	35°29′48.6″	120	820	190	临夏县韩集镇阳洼山村烈士陵园	正常	国有	无
17	6229210019	梨树	Pyrus ussuriensis	窝窝果	蔷薇科	梨属	102°59′48.86″	35°29′33.19″	120	1520	230	临夏县韩集镇阳洼山村烈士陵园	正常	国有	无
18	6229210020	梨树	Pyrus ussuriensis	窝窝果	蔷薇科	梨属	102°59′48.86″	35°29′33.19″	120	1430	255	临夏县韩集镇阳洼山村烈士陵园	正常	国有	无

续表

序号	编号	树种 中文名	树种 拉丁文	树种 别名	科	属	经度	纬度	树龄	树高	胸围	具体生长地点	长势	权属	保护措施
19	6229210021	梨树	Pyrus ussuriensis	窝窝果	蔷薇科	梨属	102°59′48.86″	35°29′33.19″	120	1240	280	临夏县韩集镇阳洼山村烈士陵园	正常	国有	无
20	6229210022	梨树	Pyrus ussuriensis	窝窝果	蔷薇科	梨属	102°59′48.86″	35°29′33.19″	120	1510	267	临夏县韩集镇阳洼山村烈士陵园	正常	国有	无
21	6229210023	皮胎果	Pyrus ussuriensis	酸巴梨、剥皮梨	蔷薇科	梨属	102°59′33.19″	35°29′48.86″	120	1510	280	临夏县韩集镇阳洼山村烈士陵园	正常	国有	无
22	6229210024	旱柳	Salix matsudana	柳树、直柳、河柳	杨柳科	杨柳属	103°2′44.52″	35°29′32.14″	100	2290	353	临夏县韩集镇杨坪村梁家山6社	旺盛	集体	无
23	6229210025	榆树	Ulmus pumila	白榆	榆科	榆属	103°3′37.96″	35°30′10.51″	180	1830	305	临夏县韩集镇夹塘村后夹塘	正常	集体	简易
24	6229210026	国槐	Sophora japonica	白槐	豆科	槐树属	103°7′16.39″	35°30′25.67″	200	2160	310	临夏县尹集镇马九川村杨家寺门前	旺盛	集体	无
25	6229210027	榆树	Ulmus pumila	白榆	榆科	榆属	103°3′37.11″	35°31′2.30″	200	1570	370	临夏县新集镇赵啤村七队	正常	集体	无
26	6229210028	杨树	Populus david	山杨	杨柳科	杨属	103°2′40.43″	35°30′6.99″	150	1300	900	临夏县新集镇杨坪四社泉边	正常	集体	护栏
27	6229210029	软儿梨	Pyrus ussuriensis	冬梨、香水梨	蔷薇科	梨属	102°59′48.86″	35°29′33.19″	120	950	215	临夏县韩集镇阳洼山村烈士陵园	正常	国有	无
28	6229210030	皮胎果	Pyrus ussuriensis	酸巴梨、剥皮梨	蔷薇科	梨属	102°59′48.86″	35°29′33.19″	120	1100	195	临夏县韩集镇阳洼山村烈士陵园	正常	国有	无
29	6229210031	梨树	Pyrus ussuriensis	窝窝果	蔷薇科	梨属	102°59′48.86″	35°29′33.19″	120	920	155	临夏县韩集镇阳洼山村烈士陵园	正常	国有	无
30	6229210032	梨树	Pyrus ussuriensis	窝窝果	蔷薇科	梨属	102°59′48.86″	35°29′33.19″	120	950	195	临夏县韩集镇阳洼山村烈士陵园	正常	国有	无
31	6229210033	梨树	Pyrus ussuriensis	窝窝果	蔷薇科	梨属	102°59′48.86″	35°29′33.19″	120	1150	200	临夏县韩集镇阳洼山村烈士陵园	正常	国有	无

续表

序号	编号	中文名	拉丁文	别名	科	属	经度	纬度	树龄	树高	胸围	具体生长地点	长势	权属	保护措施
32	6229210034	皮胎果	Pyrus ussuriensis	酸巴梨、剥皮梨	蔷薇科	梨属	102°59'48.86"	35°29'33.19"	120	1050	176	临夏县韩集镇阳洼山村烈土陵园	正常	国有	无
33	6229210035	木梨	Pyrus ussuriensis	花盖梨、沙果梨、楸子梨	蔷薇科	梨属	102°59'48.86"	35°29'33.19"	120	1000	140	临夏县韩集镇阳洼山村烈土陵园	正常	国有	无
34	6229210036	梨树	Pyrus ussuriensis	窝窝果	蔷薇科	梨属	102°59'48.86"	35°29'33.19"	120	1000	157	临夏县韩集镇阳洼山村烈土陵园	正常	国有	无
35	6229210037	侧柏	Biota orientalis	扁柏、香柏	柏科	侧柏属	102°59'48.86"	35°29'33.19"	120	730	155	临夏县韩集镇阳洼山村烈土陵园	正常	国有	无
36	6229210038	花椒	Zanthoxylum bungeanum	刺椒、椒子	芸香科	花椒属	103°7'23.63"	35°43'53.75"	100	320	160	临夏县莲花镇鲁家村	正常	个人	一般保护
37	6229210039	花椒	Zanthoxylum bungeanum	刺椒、椒子	芸香科	花椒属	103°7'24.24"	35°43'54"	100	360	160	临夏县莲花镇鲁家村	正常	个人	一般保护
38	6229210040	花椒	Zanthoxylum bungeanum	刺椒、椒子	芸香科	花椒属	103°7'24.67"	35°43'55.10"	100	350	146	临夏县莲花镇鲁家村	正常	个人	一般保护
39	6229210041	花椒	Zanthoxylum bungeanum	刺椒、椒子	芸香科	花椒属	103°7'24.10"	35°43'54.81"	100	330	180	临夏县莲花镇鲁家村	正常	个人	一般保护
40	6229210042	白榆	Ulmus pumila	榆树、家榆	榆科	榆属	103°7'24.11"	35°22'4.476"	160	150	300	临夏县土桥镇大鲁家村余三社	正常	个人	一般保护
							和政县								
1	6229250067	白榆	Ulmus pumila	家榆、榆树	榆科	榆属	103°21'47.48"	35°26'22.45"	290	1510	330	和政县达浪乡李家坪村张韩家社	正常	集体	一般保护
2	6229250001	青杨	Populus cathayana	家白杨、苦杨	杨柳科	杨属	103°10'36.08"	35°24'5.67"	240	2540	470	和政县罗家集乡小滩村	正常	集体	一般保护
3	6229250002	旱柳	Salix matsudana	柳树、直柳、河柳	杨柳科	柳属	103°12'23.42"	35°27'22.43"	170	840	457	和政县马家堡镇马家集村上街口	衰弱	集体	一般保护
4	6229250003	旱柳	Salix matsudana	柳树、直柳、河柳	杨柳科	柳属	103°12'29.07"	35°27'15.98"	105	1600	307	和政县马家堡镇马家集村柴市巷	正常	个人	一般保护

续表

序号	编号	中文名	拉丁文	别名	科	属	经度	纬度	树龄	树高	胸围	具体生长地点	长势	权属	保护措施
5	6229250004	白榆	Ulmus pumila	家榆、榆树	榆科	榆属	103°12'27.77"	35°27'16.77"	160	720	512	和政县马家堡镇马家集村马集巷	正常	个人	一般保护
6	6229250005	青杨	Populus cathayana	家白杨、苦杨	杨柳科	杨属	103°10'23.18"	35°25'45.28"	210	2290	409	和政县马家堡镇马家集村联合小学	正常	集体	一般保护
7	6229250006	旱柳	Salix matsudana	柳树、直柳、河柳	杨柳科	柳属	103°11'49.68"	35°26'52.90"	120	1760	318	和政县马家堡镇脖项村	正常	集体	一般保护
8	6229250007	白榆	Ulmus pumila	家榆、榆树	榆科	榆属	103°11'49.76"	35°26'52.69"	100	790	160	和政县马家堡镇脖项村	正常	集体	一般保护
9	6229250009	皮胎果	Pyrus ussuriensis	剥皮梨、酸巴梨、芽面包	蔷薇科	梨属	103°9'32.86"	35°23'36.88"	130	1150	212	和政县罗家集乡大滩村上沟社	正常	个人	一般保护
10	6229250010	卫矛	Euonymus alatus	鬼箭羽、四棱树、三神斗、八棱柴、水银木	卫矛科	卫矛属	103°9'31.88"	35°23'36.21"	120	650	156	和政县罗家集乡大滩村上沟社	正常	个人	一般保护
11	6229250011	皮胎果	Pyrus ussuriensis	剥皮梨、酸巴梨、芽面包	蔷薇科	梨属	103°9'30.61"	35°23'36.00"	150	640	258	和政县罗家集乡大滩村上沟社	衰弱	个人	一般保护
12	6229250012	皮胎果	Pyrus ussuriensis	剥皮梨、酸巴梨、芽面包	蔷薇科	梨属	103°9'31.1"	35°23'35.57"	150	560	242	和政县罗家集乡大滩村上沟社	衰弱	个人	一般保护
13	6229250013	皮胎果	Pyrus ussuriensis	剥皮梨、酸巴梨、芽面包	蔷薇科	梨属	103°9'32.41"	35°23'36.04"	130	880	206	和政县罗家集乡大滩村上沟社	正常	个人	一般保护
14	6229250014	青杨	Populus cathayana	家白杨、苦杨	杨柳科	杨属	103°9'28.1484"	35°23'36.65"	120	1630	343	和政县罗家集乡大滩村上沟社	正常	个人	一般保护
15	6229250015	李	Prunus salicina	野李子	蔷薇科	李属	103°9'27.9"	35°23'36.48"	110	630	162	和政县罗家集乡大滩村上沟社	正常	集体	一般保护
16	6229250016	旱柳	Salix matsudana	柳树、直柳、河柳	杨柳科	柳属	103°8'27.58"	35°23'11.12"	130	1510	376	和政县罗家集乡大滩村立路社	正常	个人	一般保护

续表

序号	编号	树种			科	属	经度	纬度	树龄	树高	胸围	具体生长地点	长势	权属	保护措施
		中文名	拉丁文	别名											
17	6229250017	春榆	Ulmus pumila	家榆、榆树	榆科	榆属	103°8′27.58″	35°23′11.63″	180	1230	289	和政县罗家集乡大滩村立路社	正常	个人	一般保护
18	6229250018	山荆子	Malus baccata	山定子、海棠、红石枣	蔷薇科	苹果属	103°8′31.83″	35°23′18.19″	110	750	160	和政县罗家集乡大滩村立路社	正常	个人	一般保护
19	6229250019	皮胎果	Pyrus ussuriensis	剥皮梨、酸巴梨、芽面包	蔷薇科	梨属	103°8′31.76″	35°23′17.98″	120	720	241	和政县罗家集乡大滩村立路社	正常	个人	一般保护
20	6229250020	青杨	Populus cathayana	家白杨、苦杨	杨柳科	杨属	103°8′16.68″	35°23′17.18″	180	1010	372	和政县罗家集乡大滩村立路山顶	衰弱	集体	一般保护
21	6229250021	皮胎果	Pyrus ussuriensis	剥皮梨、酸巴梨、芽面包	蔷薇科	梨属	103°8′8.38″	35°23′13.56″	110	830	226	和政县罗家集乡大滩村阳洼社	正常	个人	一般保护
22	6229250022	青杨	Populus cathayana	家白杨、苦杨	杨柳科	杨属	103°7′37.17″	35°23′5.92″	230	1440	414	和政县罗家集乡大山寺	衰弱	个人	一般保护
23	6229250024	山荆子	Malus baccata	山定子、海棠、红石枣	蔷薇科	苹果属	103°7′36.05″	35°23′6.54″	200	850	262	和政县罗家集乡大坪村大山寺	正常	个人	一般保护
24	6229250025	青杨	Populus cathayana	家白杨、苦杨	杨柳科	杨属	103°7′17.52″	35°23′45.41″	160	1750	315	和政县罗家集乡大坪村麻岭社	正常	个人	一般保护
25	6229250027	青杨	Populus cathayana	家白杨、苦杨	杨柳科	杨属	103°7′48.42″	35°23′55.21″	120	1630	249	和政县罗家集乡大坪村上大坪	正常	个人	一般保护
26	6229250028	青杨	Populus cathayana	家白杨、苦杨	杨柳科	杨属	103°7′48.79″	35°23′55.44″	130	1560	252	和政县罗家集乡大坪村上大坪	正常	个人	一般保护
27	6229250030	青杨	Populus cathayana	家白杨、苦杨	杨柳科	杨属	103°7′49.99″	35°24′4.02″	150	950	276	和政县罗家集乡大坪村上大坪	正常	集体	一般保护
28	6229250031	青杨	Populus cathayana	家白杨、苦杨	杨柳科	杨属	103°7′48.55″	35°24′3.63″	150	970	248	和政县罗家集乡大坪村下大坪	衰弱	集体	一般保护

续表

序号	编号	树种 中文名	树种 拉丁文	树种 别名	科	属	经度	纬度	树龄	树高	胸围	具体生长地点	长势	权属	保护措施
29	6229250032	酸梨	Pyrus ussuriensis	剥皮梨、酸巴梨、芽面包	蔷薇科	梨属	103°7′44.01″	35°24′1.65″	120	630	156	和政县罗家集乡大坪村下大坪	正常	集体	一般保护
30	6229250033	酸梨	Pyrus ussuriensis	剥皮梨、酸巴梨、芽面包	蔷薇科	梨属	103°7′40.50″	35°24′0.4″	120	790	161	和政县罗家集乡大坪村下大坪	正常	集体	一般保护
31	6229250034	皮胎果	Pyrus ussuriensis	剥皮梨、酸巴梨、芽面包	蔷薇科	梨属	103°7′38.16″	35°24′1.07″	120	840	176	和政县罗家集乡大坪村下大坪	正常	集体	一般保护
32	6229250035	皮胎果	Pyrus ussuriensis	剥皮梨、酸巴梨、芽面包	蔷薇科	梨属	103°7′34.95″	35°23′58.65″	120	600	126	和政县罗家集乡大坪村下大坪	正常	集体	一般保护
33	6229250036	皮胎果	Pyrus ussuriensis	剥皮梨、酸巴梨、芽面包	蔷薇科	梨属	103°15′7.8″	35°25′4.26″	130	1050	220	和政县三十里铺镇包候家村包家社	正常	个人	一般保护
34	6229250037	皮胎果	Pyrus ussuriensis	剥皮梨、酸巴梨、芽面包	蔷薇科	梨属	103°9′59.05″	35°23′43.60″	120	1250	235	和政县罗家集乡小滩村塔寺	正常	个人	一般保护
35	6229250038	皮胎果	Pyrus ussuriensis	剥皮梨、酸巴梨、芽面包	蔷薇科	梨属	103°9′49.11″	35°22′52.82″	230	960	281	和政县罗家集乡三岔沟村丁家山	正常	个人	一般保护
36	6229250039	皮胎果	Pyrus ussuriensis	剥皮梨、酸巴梨、芽面包	蔷薇科	梨属	103°9′49.97″	35°22′52.90″	120	1090	171	和政县罗家集乡三岔沟村丁家山	正常	个人	一般保护
37	6229250041	皮胎果	Pyrus ussuriensis	剥皮梨、酸巴梨、芽面包	蔷薇科	梨属	103°9′55.31″	35°22′52.18″	260	1390	251	和政县罗家集乡三岔沟村丁家山	正常	个人	一般保护
38	6229250043	旱柳	Salix matsudana	柳树、直柳、河柳	杨柳科	柳属	103°9′55.15″	35°22′51.33″	230	570	376	和政县罗家集乡三岔沟村丁家山	正常	个人	一般保护
39	6229250045	皮胎果	Pyrus ussuriensis	剥皮梨、酸巴梨、芽面包	蔷薇科	梨属	103°9′54.10″	35°22′53.04″	210	1200	337	和政县罗家集乡三岔沟村丁家山	正常	个人	一般保护
40	6229250046	云杉	Picea asperata	粗枝云杉、大果云杉、粗皮云杉	松科	云杉属	103°17′3.42″	35°23′42.06″	130	1190	168	和政县城关镇麻藏村前结尕	正常	集体	一般保护

续表

序号	编号	中文名	拉丁文	别名	科	属	经度	纬度	树龄	树高	胸围	具体生长地点	长势	权属	保护措施
41	6229250047	青杨	Populus cathayana	家白杨、苦杨	杨柳科	杨属	103°9′42.44″	35°19′1.18″	100	1250	241	和政县买家集镇石咀村柳梅滩	正常	集体	一般保护
42	6229250048	青杨	Populus cathayana	家白杨、苦杨	杨柳科	杨属	103°12′53.48″	35°20′24.95″	230	1210	441	和政县买家集镇石咀村上滩社	衰弱	个人	一般保护
43	6229250049	青杨	Populus cathayana	家白杨、苦杨	杨柳科	杨属	103°12′53.63″	35°20′24.84″	230	1190	435	和政县买家集镇石咀村上滩社	衰弱	个人	一般保护
44	6229250050	青杨	Populus cathayana	家白杨、苦杨	杨柳科	杨属	103°13′55.17″	35°21′2.15″	200	1570	357	和政县买家集镇两关集村上蜡烛沟	正常	集体	一般保护
45	6229250051	青杨	Populus cathayana	家白杨、苦杨	杨柳科	杨属	103°21′58.70″	35°22′48.90″	150	1640	322	和政县新庄乡何马家村刘马家	正常	集体	一般保护
46	6229250052	青杨	Populus cathayana	家白杨、苦杨	杨柳科	杨属	103°21′58.71″	35°22′43.08″	150	1540	387	和政县新庄乡何马家村刘马家	正常	集体	一般保护
47	6229250053	卫矛	Euonymus alatus	鬼箭羽、四棱树、卫矛、八树方、八棱柴、水银木	卫矛科	卫矛属	103°19′55.43″	35°19′21.12″	160	650	252	和政县新庄乡前进村阳洼山	正常	个人	一般保护
48	6229250054	青杨	Populus cathayana	家白杨、苦杨	杨柳科	杨属	103°19′51.95″	35°19′26.75″	100	1560	253	和政县新庄乡前进村阳洼山	正常	集体	一般保护
49	6229250055	旱柳	Salix matsudana	柳树、直柳、河柳	杨柳科	柳属	103°20′4.44″	35°19′25.03″	100	1230	297	和政县新庄乡前进村伊家庄	正常	个人	一般保护
50	6229250056	青杨	Populus cathayana	家白杨、苦杨	杨柳科	杨属	103°21′17.56″	35°18′27.31″	200	1310	430	和政县新庄乡榆木村磨石沟	衰弱	集体	一般保护
51	6229250057	秋子梨	Pyrus ussuriensis	花盖梨、沙果梨、酸梨	蔷薇科	梨属	103°22′10.10″	35°21′20.22″	160	1160	256	和政县新庄乡腰套村下杜社	正常	集体	一般保护
52	6229250058	秋子梨	Pyrus ussuriensis	花盖梨、沙果梨、酸梨	蔷薇科	梨属	103°22′11.80″	35°21′24.27″	160	910	258	和政县新庄乡腰套村下杜社	正常	个人	一般保护
53	6229250059	白榆	Ulmus pumila	家榆、榆树	榆科	榆属	103°22′11.45″	35°21′43.54″	130	1200	230	和政县新庄乡腰套村下杜社	衰弱	个人	一般保护

续表

序号	编号	中文名	拉丁文	别名	科	属	经度	纬度	树龄	树高	胸围	具体生长地点	长势	权属	保护措施
54	6229250060	秋子梨	Pyrus ussuriensis	花盖梨、沙果梨、酸梨	蔷薇科	梨属	103°22'20.33"	35°23'24.02"	230	890	400	和政县新庄乡腰套村任家社	正常	集体	一般保护
55	6229250061	青杨	Populus cathayana	家白杨、苦杨	杨柳科	杨属	103°22'19.88"	35°23'23.64"	150	1390	330	和政县新庄乡何马家村斜道坡	正常	集体	一般保护
56	6229250062	辽东栎	Quercus liaotungensis	辽东柞、柴树	壳斗科	栎属	103°22'10.10"	35°21'20.22"	200	1020	145	和政县新庄乡腰套村独庄社	正常	集体	一般保护
57	6229250063	青杨	Populus cathayana	青杨	杨柳科	杨属	103°22'19.90"	35°23'23.64"	150	139	330	和政县新庄乡何马家村	正常	个人	一般保护
58	6229250063	青杨	Populus cathayana	家白杨、苦杨	杨柳科	杨属	103°21'58.70"	35°22'48.90"	100	150	220	和政县新庄乡何马村中刘社	正常	个人	一般保护
59	6229250064	秋子梨	Pyrus ussuriensis	花盖梨、沙果梨、酸梨	蔷薇科	梨属	103°21'3.35"	35°30'11.81"	160	810	264	和政县陈家集乡陈家村陈家集学校	正常	个人	一般保护
60	6229250065	白榆	Ulmus pumila	家榆、榆树	榆科	榆属	103°21'0.11"	35°30'30.68"	200	740	275	和政县陈家集乡陈家集村刘家沟	正常	个人	一般保护
61	6229250066	北京丁香	Syringa pekinensis	山丁香	木犀科	丁香属	103°19'52.12"	35°24'56.31"	100	310	141	和政县达浪乡后家村后家寨子	正常	个人	一般保护
62	6229250068	旱柳	Salix matsudana	柳树、直柳、河柳	杨柳科	柳属	103°22'15.05"	35°26'33.86"	120	1490	218	和政县达浪乡李家呼村马家庄	正常	集体	一般保护
63	6229250069	旱柳	Salix matsudana	柳树、直柳、河柳	杨柳科	柳属	103°22'15.07"	35°26'33.88"	120	1560	258	和政县达浪乡李家呼村马家庄	正常	集体	一般保护
64	6229250070	白榆	Ulmus pumila	家榆、榆树	榆科	榆属	103°15'14.10"	35°26'6.65"	130	1550	177	和政县三十里铺镇马家河村	正常	集体	一般保护
65	6229250071	皮胎果	Pyrus ussuriensis	剥皮梨、酸巴梨、芽面包	蔷薇科	梨属	103°15'14.97"	35°26'7.35"	150	820	230	和政县三十里铺镇马家河村	正常	个人	一般保护
66	6229250072	皮胎果	Pyrus ussuriensis	剥皮梨、酸巴梨、芽面包	蔷薇科	梨属	103°15'1.93"	35°25'31.83"	150	1300	240	和政县三十里铺镇包家村	正常	个人	一般保护
67	6229250073	皮胎果	Pyrus ussuriensis	剥皮梨、酸巴梨、芽面包	蔷薇科	梨属	103°15'0.84"	35°25'24.34"	105	870	153	和政县三十里铺镇包家村	正常	集体	一般保护
68	6229250074	皮胎果	Pyrus ussuriensis	剥皮梨、酸巴梨、芽面包	蔷薇科	梨属	103°15'0.32"	35°25'22.17"	160	750	260	和政县三十里铺镇包家村	正常	个人	一般保护

续表

序号	编号	树种			科	属	经度	纬度	树龄	树高	胸围	具体生长地点	长势	权属	保护措施
		中文名	拉丁文	别名											
69	6229250075	皮胎果	*Pyrus ussuriensis*	剥皮梨、酸巴梨、芽面包	蔷薇科	梨属	103°14′59.63″	35°25′21.89″	115	790	242	和政县三十里铺镇包候家村	正常	个人	一般保护
70	6229250076	秋子梨	*Pyrus ussuriensis*	剥皮梨、酸巴梨、芽面包	蔷薇科	梨属	103°14′53.87″	35°25′24.32″	140	1140	230	和政县三十里铺镇包候家村	正常	个人	一般保护
71	6229250077	秋子梨	*Pyrus ussuriensis*	剥皮梨、酸巴梨、芽面包	蔷薇科	梨属	103°14′54.04″	35°25′24.89″	120	590	160	和政县三十里铺镇包候家村	正常	个人	一般保护
72	6229250078	皮胎果	*Pyrus ussuriensis*	剥皮梨、酸巴梨、芽面包	蔷薇科	梨属	103°14′54.05″	35°25′24.89″	120	590	160	和政县三十里铺镇包候家村	正常	个人	一般保护
73	6229250079	秋子梨	*Pyrus ussuriensis*	剥皮梨、酸巴梨、芽面包	蔷薇科	梨属	103°14′54.44″	35°25′24.84″	120	560	165	和政县三十里铺镇包候家村	正常	个人	一般保护
74	6229250080	皮胎果	*Pyrus ussuriensis*	剥皮梨、酸巴梨、芽面包	蔷薇科	梨属	103°14′54.46″	35°25′23.84″	140	1250	230	和政县三十里铺镇包候家村	正常	个人	一般保护
75	6229250081	皮胎果	*Pyrus ussuriensis*	剥皮梨、酸巴梨、芽面包	蔷薇科	梨属	103°14′53.88″	35°25′23.04″	140	710	230	和政县三十里铺镇包候家村	正常	个人	一般保护
76	6229250082	秋子梨	*Pyrus ussuriensis*	剥皮梨、酸巴梨、芽面包	蔷薇科	梨属	103°14′52.88″	35°25′22.92″	115	790	168	和政县三十里铺镇包候家村	正常	个人	一般保护
77	6229250083	皮胎果	*Pyrus ussuriensis*	剥皮梨、酸巴梨、芽面包	蔷薇科	梨属	103°14′56.23″	35°25′22.17″	140	850	226	和政县三十里铺镇包候家村	正常	个人	一般保护
78	6229250084	皮胎果	*Pyrus ussuriensis*	剥皮梨、酸巴梨、芽面包	蔷薇科	梨属	103°14′52.64″	35°25′21.43″	190	890	318	和政县三十里铺镇包候家村	正常	个人	一般保护
79	6229250085	皮胎果	*Pyrus ussuriensis*	剥皮梨、酸巴梨、芽面包	蔷薇科	梨属	103°14′52.54″	35°25′21.35″	130	790	210	和政县三十里铺镇包候家村	正常	个人	一般保护
80	6229250086	皮胎果	*Pyrus ussuriensis*	剥皮梨、酸巴梨、芽面包	蔷薇科	梨属	103°14′52.45″	35°25′21.02″	160	780	250	和政县三十里铺镇包候家村	正常	个人	一般保护
81	6229250087	皮胎果	*Pyrus ussuriensis*	剥皮梨、酸巴梨、芽面包	蔷薇科	梨属	103°14′51.97″	35°25′19.70″	150	840	233	和政县三十里铺镇包候家村	正常	个人	一般保护
82	6229250088	皮胎果	*Pyrus ussuriensis*	剥皮梨、酸巴梨、芽面包	蔷薇科	梨属	103°14′52.77″	35°25′20.59″	150	760	236	和政县三十里铺镇包候家村	正常	个人	一般保护
83	6229250089	秋子梨	*Pyrus ussuriensis*	剥皮梨、酸巴梨、芽面包	蔷薇科	梨属	103°14′47.16″	35°25′21.60″	125	1120	197	和政县三十里铺镇包候家村	正常	个人	一般保护
84	6229250090	秋子梨	*Pyrus ussuriensis*	剥皮梨、酸巴梨、芽面包	蔷薇科	梨属	103°14′47.57″	35°25′21.88″	135	960	209	和政县三十里铺镇包候家村	正常	个人	一般保护
85	6229250091	皮胎果	*Pyrus ussuriensis*	剥皮梨、酸巴梨、芽面包	蔷薇科	梨属	103°14′44.70″	35°25′21.52″	160	970	255	和政县三十里铺镇包候家村	正常	个人	一般保护

续表

序号	编号	中文名	拉丁文	别名	科	属	经度	纬度	树龄	树高	胸围	具体生长地点	长势	权属	保护措施
86	6229250092	秋子梨	Pyrus ussuriensis	剥皮梨、酸巴梨、芽面包	蔷薇科	梨属	103°14′42.33″	35°25′21.15″	150	940	235	和政县三十里铺镇包候家村	正常	个人	一般保护
87	6229250093	皮胎果	Pyrus ussuriensis	剥皮梨、酸巴梨、芽面包	蔷薇科	梨属	103°14′43.26″	35°25′20.22″	110	910	160	和政县三十里铺镇包候家村	正常	个人	一般保护
88	6229250094	皮胎果	Pyrus ussuriensis	剥皮梨、酸巴梨、芽面包	蔷薇科	梨属	103°14′43.74″	35°32′32.013″	110	690	160	和政县三十里铺镇包候家村	正常	个人	一般保护
89	6229250095	皮胎果	Pyrus ussuriensis	剥皮梨、酸巴梨、芽面包	蔷薇科	梨属	103°14′54.50″	35°25′14.53″	110	850	161	和政县三十里铺镇包候家村	正常	个人	一般保护
90	6229250096	皮胎果	Pyrus ussuriensis	剥皮梨、酸巴梨、芽面包	蔷薇科	梨属	103°14′56.63″	35°25′12.31″	140	910	221	和政县三十里铺镇包候家村	正常	个人	一般保护
91	6229250097	山楂	Crataegus pinnatifida	山里红、红果、面蛋	蔷薇科	山楂属	103°15′6.97″	35°25′2.36″	180	670	50	和政县三十里铺镇包候家村	正常	集体	一般保护
92	6229250098	皮胎果	Pyrus ussuriensis	剥皮梨、酸巴梨、芽面包	蔷薇科	梨属	103°15′7.32″	35°25′3.95″	150	1070	246	和政县三十里铺镇包候家村包家社	正常	集体	一般保护
93	6229250099	皮胎果	Pyrus ussuriensis	剥皮梨、酸巴梨、芽面包	蔷薇科	梨属	103°15′7.32″	35°25′3.95″	150	1007	246	和政县三十里铺镇包候家村	正常	个人	一般保护
94	6229250110	辽东栎	Quercus liaotungensis	青冈、柴树	壳斗科	栎属	103°22′11.45″	35°21′43.54″	200	1002	145	和政县新庄乡腰套村	正常	个人	一般保护

广河县

序号	编号	中文名	拉丁文	别名	科	属	经度	纬度	树龄	树高	胸围	具体生长地点	长势	权属	保护措施
1	6229240002	青杨	Populus cathayana	家白杨、苦杨	杨柳科	杨属	103°15′48.26″	35°13′23.39″	450	2100	370	广河县官坊乡魏家沟村魏家坪	衰弱	集体	一般保护
2	6229240006	青杨	Populus alba	家白杨、苦杨	杨柳科	杨属	103°28′7.55″	35°23′55.92″	210	1700	448	广河县官坊乡山庄村山庄小学	正常	集体	一般保护
3	6229240007	白榆	Ulmus pumila	家榆、榆树	榆科	榆属	103°47′25.73″	35°29′21.01″	210	1500	303	广河县齐家集乡魏家咀小学	正常	国有	一般保护
4	6229240008	垂榆	Ulmus pumila	家榆、榆树	榆科	榆属	103°45′14.76″	36°33′53.20″	160	1100	230	广河县三甲集乡三甲关村三甲集小学	正常	国有	护栏

续表

序号	编号	中文名	拉丁文	别名	科	属	经度	纬度	树龄	树高	胸围	具体生长地点	长势	权属	保护措施
5	6229240009	白榆	Ulmus pumila	家榆、榆树	榆科	榆属	103°40'2.48"	35°30'51.90"	210	1800	111.5	广河县乐家坪乡瓦窑头清真大寺	一般	集体	护栏
								康乐县							
1	6229220030	青杨	Populus cathayana	家白杨、苦杨	杨柳科	杨属	103°27'47.98"	35°16'28.37"	230	3000	420	康乐县八松乡烈洼村菜子沟门社	正常	集体	一般保护
2	6229220031	青杨	Populus cathayana	家白杨、苦杨	杨柳科	杨属	103°27'49.35"	35°16'31.32"	260	2800	492	康乐县八松乡烈洼村菜子沟门社	正常	集体	一般保护
3	6229220032	小青杨	Populus simonli	小叶杨、白杨	杨柳科	杨属	103°33'44.56"	35°22'45.03"	100	2500	330	康乐县白王乡老树沟村半山腰	正常	集体	一般保护
4	6229220033	青杨	Populus cathayana	家白杨、苦杨	杨柳科	杨属	103°32'43.15"	35°24'9.41"	150	2500	400	康乐县郝家社4号家门对面村	正常	集体	一般保护
5	6229220034	小青杨	Populus simonli	小叶杨、白杨	杨柳科	杨属	103°32'43.15"	35°24'9.41"	150	2500	330	康乐县白王乡新庄村郝家社4号家	正常	集体	一般保护
6	6229220035	云杉	Picea asperata	粗枝云杉、大果云杉、粗皮云杉	松科	云杉属	103°42'24.85"	35°21'49.41"	150	1200	305	康乐县草滩乡普巴村吓苏河	正常	集体	一般保护
7	6229220036	白榆	Ulmus pumila	榆树、家榆	榆科	榆属	103°42'24.85"	35°21'49.41"	150	1200	305	附城镇附城镇石王村张寨	正常	集体	一般保护
8	6229220037	白榆	Ulmus pumila	家榆、榆树	榆科	榆属	103°42'19.19"	35°20'50.74"	160	2300	373	康乐县附城镇斜路村新庄15号	正常	集体	一般保护
9	6229220038	酸梨	Pyrus ussuriensis	花盖梨、沙果梨、楸子梨	蔷薇科	梨属	103°40'17.73"	35°04'58.09"	150	2000	395	景古镇牟家沟村阳山12号门前台地	正常	个人	一般保护
10	6229220039	酸梨	Pyrus ussuriensis	花盖梨、沙果梨、楸子梨	蔷薇科	梨属	103°42'65.6"	35°05'54.74"	180	1500	265	景古镇钱家滩村下石家村口	正常	个人	一般保护
11	6229220040	白榆	Ulmus pumila	家榆、榆树	榆科	榆属	103°41'40.87"	35°26'28.42"	160	2301	374	康乐县流川乡范家社老庄	正常	个人	一般保护

续表

序号	编号	树种 中文名	树种 拉丁文	树种 别名	科	属	经度	纬度	树龄	树高	胸围	具体生长地点	长势	权属	保护措施
12	6229220041	小青杨	Populus simonli	小叶杨、白杨	杨柳科	杨属	103°40′34.61″	35°26′21.40″	150	3200	490	康乐县流川乡苏家村湾子社	正常	个人	一般保护
13	6229220042	云杉	Picea asperata	粗枝云杉、大果云杉、粗皮云杉	松科	云杉属	103°35′27.75″	35°19′40.22″	200	2800	270	鸣鹿乡郭家庄村大妈妈拱北后	正常	集体	一般保护
14	6229220043	酸梨	Pyrus ussuriensis	花盖梨、沙果梨、楸子梨	蔷薇科	梨属	103°36′45.52″	35°15′37.76″	150	1600	252	上湾乡马巴村阴洼沟半山坡	正常	个人	一般保护
15	6229220044	青杨	Populus cathayana	家白杨、苦杨	杨柳科	杨属	103°35′14.27″	35°14′43.15″	220	3000	418	康乐县上湾乡三条沟门	正常	集体	一般保护
16	6229220045	云杉	Picea asperata	粗枝云杉、大果云杉、粗皮云杉	松科	云杉属	103°35′50.58″	35°20′54.77″	150	2300	186	康乐县苏集镇半坡村坡下湾	正常	集体	一般保护
17	6229220046	小青杨	Populus simonli	小叶杨、白杨	杨柳科	杨属	103°32′19.16″	35°19′36.4″	240	2800	400	苏集镇马寨村马寨社	正常	集体	一般保护
18	6229220047	旱柳	Salix matsudana	柳树、直柳、河柳	杨柳科	柳属	103°34′31.28″	35°20′38.16″	240	2500	640	康乐县苏集镇南门社	正常	集体	一般保护
19	6229220048	旱柳	Salix matsudana	柳树、直柳、河柳	杨柳科	柳属	103°34′31.28″	35°20′38.17″	240	240	625	康乐县苏集镇南门社	正常	集体	一般保护
20	6229220049	旱柳	Salix matsudana	柳树、直柳、河柳	杨柳科	柳属	103°41′24.81″	35°8′42.12″	200	90	390	康乐县五户乡汪沟村小寨社	正常	个人	一般保护
21	6229220050	酸梨	Pyrus ussuriensis	花盖梨、沙果梨、楸子梨	蔷薇科	梨属	103°41′55.6″	35°08′56.69″	160	1300	253	五户乡汪沟村老坟滩地坎	正常	集体	一般保护
22	6229220051	旱柳	Salix matsudana	柳树、直柳、河柳	杨柳科	柳属	103°42′38.68″	35°22′28.66″	210	1600	515	康乐县县委县政府门前大门左侧	一般	国有	一般保护
23	6229220052	旱柳	Salix matsudana	柳树、直柳、河柳	杨柳科	柳属	103°42′38.68″	35°22′28.66″	210	2000	530	康乐县县委县政府门前大门右侧	一般	国有	一般保护
永靖县															
1	6229230012	国槐	Sophora japonica	槐树、家槐	蝶形花科	槐属	103°56′36.34″	35°56′25″	120	1000	200	永靖县刘家峡镇刘家峡村委会	正常	集体	一般保护
2	6229230027	旱柳	Salix matsudana	柳树、直柳、河柳	杨柳科	柳属	103°19′5.92″	35°56′23.29″	115	1800	392	永靖县刘家峡镇刘家峡局四水工厂	正常	集体	一般保护

续表

序号	编号	树种 中文名	拉丁文	别名	科	属	经度	纬度	树龄	树高	胸围	具体生长地点	长势	权属	保护措施
3	6229230028	旱柳	Salix matsudana	柳树、直柳、河柳	杨柳科	柳属	103°19'5.92"	35°36'23.29"	110	1300	467	永靖县刘家峡镇四局水工厂	正常	集体	一般保护
4	6229230030	白榆	Ulmus pumila	家榆、榆树	榆科	榆属	103°1'34.9"	35°48'39.40"	170	1800	2100	永靖县王台镇塔坪村谢社	正常	国有	一般保护
5	6229230031	旱柳	Salix matsudana	柳树、直柳、河柳	杨柳科	柳属	102°57'26.89"	36°2'56.78"	140	1300	438	永靖县新寺乡后坪村孔氏墓口	正常	集体	一般保护
6	6229230032	旱柳	Salix matsudana	柳树、直柳、河柳	杨柳科	柳属	102°57'26.89"	36°2'56.78"	140	1300	383	永靖县新寺乡后坪村孔氏墓口	正常	集体	一般保护
7	6229230034	云杉	Picea asperata	粗枝云杉、大果云杉、粗皮云杉	松科	云杉属	102°59'19.38"	35°53'58.94"	150	1800	148	永靖县小岭乡土门村清真寺	正常	集体	一般保护
8	6229230035	白榆	Ulmus pumila	家榆、榆树	榆科	榆属	102°57'49.69"	35°53'53.40"	170	1000	230	永靖县小岭乡大路村黄家	正常	集体	一般保护
9	6229230035	旱柳	Salix matsudana	柳树、直柳、河柳	杨柳科	柳属	103°19'8.56"	35°56'16.85"	130	2200	460	永靖县刘家峡镇川西路居委会	正常	集体	一般保护
10	6229230036	白榆	Ulmus pumila	家榆、榆树	榆科	榆属	103°34'28.47"	36°1'49.98"	160	1000	207	永靖县关山乡南堡村抱龙山	正常	集体	一般保护
11	6229230037	国槐	Robinia pseudoacacia	槐树、家槐	蝶形花科	刺槐属	103°30'55.40"	36°0'28.64"	150	1800	326	永靖县徐顶乡三联村徐顶乡	正常	集体	一般保护
12	6229230038	油松	Iunus tabuliformis	松树、短针松	松科	松属	103°26'42.80"	36°1'5.92"	150	600	193	永靖县张家沟村方神庙	正常	集体	一般保护
												东乡县			
1	6229260004	软儿梨	Pyrus ussuriensis	冬梨、香水梨	蔷薇科	梨属	103°21'7.79"	35°27'36.77"	200	1370	230	东乡县达板镇红庄三社	旺盛	个人	一般保护
2	6229260005	软儿梨	Pyrus ussuriensis	冬梨、香水梨	蔷薇科	梨属	103°21'7.79"	35°27'36.77"	200	1390	230	东乡县达板镇红庄三社	旺盛	个人	一般保护
3	6229260006	大接杏	Armeniaca vulgaris	杏子	蔷薇科	杏属	103°15'8.84"	35°27'19.68"	120	740	260	东乡县达板镇红庄三社	一般	个人	一般保护
4	6229260007	大接杏	Armeniaca vulgaris	杏子	蔷薇科	杏属	103°15'8.84"	35°27'19.68"	200	1120	340	东乡县达板镇红庄三社	一般	个人	一般保护

续表

序号	编号	树种 中文名	树种 拉丁文	别名	科	属	经度	纬度	树龄	树高	胸围	具体生长地点	长势	权属	保护措施
5	6229260009	软儿梨	Pyrus ussuriensis	冬梨、香水梨	蔷薇科	梨属	103°21'7.79"	35°27'36.77"	200	1120	260	东乡县达板镇红庄三社	旺盛	个人	一般保护
6	6229260010	软儿梨	Pyrus ussuriensis	冬梨、香水梨	蔷薇科	梨属	103°21'7.79"	35°27'36.77"	200	1340	350	东乡县达板镇红庄三社	旺盛	个人	一般保护
7	6229260011	软儿梨	Pyrus ussuriensis	冬梨、香水梨	蔷薇科	梨属	103°21'7.79"	35°27'36.77"	200	1230	280	东乡县达板镇红庄三社	旺盛	个人	一般保护
8	6229260015	大接杏	Armeniaca vulgaris	杏子	蔷薇科	杏属	103°21'23.57"	35°27'19.68"	150	710	220	东乡县达板镇红庄三社	一般	个人	一般保护
9	6229260016	软儿梨	Pyrus ussuriensis	冬梨、香水梨	蔷薇科	梨属	103°21'7.79"	35°27'36.77"	200	1320	275	东乡县达板镇红庄三社	旺盛	个人	一般保护
10	6229260017	软儿梨	Pyrus ussuriensis	冬梨、香水梨	蔷薇科	梨属	103°21'7.79"	35°27'36.77"	200	1100	320	东乡县达板镇红庄三社	旺盛	个人	一般保护
11	6229260018	软儿梨	Pyrus ussuriensis	冬梨、香水梨	蔷薇科	梨属	103°21'7.79"	35°27'36.77"	200	1300	325	东乡县达板镇红庄三社	旺盛	个人	一般保护
12	6229260019	软儿梨	Pyrus ussuriensis	冬梨、香水梨	蔷薇科	梨属	103°21'7.79"	35°27'36.77"	200	1100	238	东乡县达板镇红庄三社	旺盛	个人	一般保护
13	6229260020	软儿梨	Pyrus ussuriensis	冬梨、香水梨	蔷薇科	梨属	103°21'7.79"	35°27'36.77"	200	1450	335	东乡县达板镇红庄三社	旺盛	个人	一般保护
14	6229260022	青杆	Picea wilsonii	细叶云杉、魏氏云杉、华北云杉	松科	云杉属	103°27'8.64"	35°35'24.25"	180	2500	175	东乡县那勒寺镇大树村	旺盛	集体	一般保护
15	6229260024	侧柏	Biota orientalis	扁柏、柏树	柏科	侧柏属	103°27'8.64"	35°35'24"	180	800	235	东乡县那勒寺镇大树村	旺盛	个人	一般保护
16	6229260027	青杆	Picea wilsonii	细叶云杉、魏氏云杉、华北云杉	松科	云杉属	103°14'0.65"	35°23'41.56"	250	2650	235	东乡县锁南镇民政局院内以北	较差	集体	一般保护
17	6229260028	青杆	Picea wilsonii	细叶云杉、魏氏云杉、华北云杉	松科	云杉属	103°14'0.65"	35°23'41.56"	250	2500	265	东乡县锁南镇民政局院内以南	较差	集体	一般保护
18	6229260029	旱柳	Salix matsuda	柳树、直柳、河柳	杨柳科	杨柳属	103°14'40.02"	35°24'13.40"	200	1040	660	东乡县南镇毛毛村	较差	个人	一般保护
19	6229260030	白榆	Ulmus pumila	家榆、榆树	榆科	榆属	103°14'53.36"	35°24'12.21"	280	1430	380	东乡县锁南镇毛毛村坟地	旺盛	个人	一般保护
20	6229260031	青杆	Picea wilsonii	细叶云杉、魏氏云杉、华北云杉	松科	云杉属	103°23'42.08"	35°38'35.10"	220	2450	150	东乡县锁南镇毛毛村三社	旺盛	集体	一般保护

续表

序号	编号	中文名	拉丁文	别名	科	属	经度	纬度	树龄	树高	胸围	具体生长地点	长势	权属	保护措施
21	6229260032	云杉	Picea asperat	粗枝云杉、粗皮云杉、大果云杉	松科	云杉属	103°14'3.14"	35°23'0.63"	220	2500	165	东乡县锁南坝伊哈地拱北房背后	较差	集体	一般保护
22	6229260033	青杆	Picea wilsonii	细叶云杉、魏氏云杉、华北云杉	松科	云杉属	103°23'42.08"	35°38'35.10"	220	2550	150	东乡县锁南镇毛毛村三社	旺盛	集体	一般保护
23	6229260034	白榆	Ulmus pumila	家榆、榆树	榆科	榆属	103°14'2.79"	35°23'0.72"	200	1940	250	东乡县锁南镇伊哈地村拱北	旺盛	个人	一般保护
24	6229260036	小叶朴	Celtis bungeana	黑弹木、朴树、棒棒树	榆科	朴属	103°14'46.75"	35°24'7.81"	100	1480	172	东乡县河滩镇汪胡村红山寺院内	旺盛	集体	一般保护
25	6229260037	国槐	Sophora japor	槐树、家槐	豆科	槐树属	103°14'46.75"	35°24'7.82"	100	1520	180	东乡县河滩镇汪胡村红山寺	旺盛	集体	一般保护
26	6229260038	柽柳	Tamarix chinensis	红柳、阴柳	柽柳科	柽柳属	103°6'49.06"	35°28'31.80"	250	690	380	东乡县河滩镇祁杨村	一般	个人	一般保护
27	6229260044	胭脂杏	Armeniaca vulgaris	杏子	蔷薇科	杏属	103°21'9.74"	35°27'45.18"	150	1150	280	东乡县达板镇黑石山下社	一般	个人	一般保护
28	6229260045	大接杏	Armeniaca vulgaris	杏子	蔷薇科	杏属	103°21'9.74"	35°27'45.18"	150	830	245	东乡县达板镇黑石山下社	一般	个人	一般保护
29	6229260046	大接杏	Armeniaca vulgaris	杏子	蔷薇科	杏属	103°21'10.33"	35°21'45.18"	150	1130	225	东乡县达板镇黑石山下社	一般	个人	一般保护
30	6229260047	大接杏	Armeniaca vulgaris	杏子	蔷薇科	杏属	103°21'10.33"	35°21'45.18"	150	1030	252	东乡县达板镇黑石山下社	一般	个人	一般保护
31	6229260048	大接杏	Armeniaca vulgaris	杏子	蔷薇科	杏属	103°21'10.60"	35°27'45.64"	150	880	290	东乡县达板镇黑石山下社	一般	个人	一般保护
32	6229260049	大接杏	Armeniaca vulgaris	杏子	蔷薇科	杏属	103°21'10.77"	35°27'44.99"	150	730	230	东乡县达板镇黑石山下社	一般	个人	一般保护
33	6229260051	大接杏	Armeniaca vulgaris	杏子	蔷薇科	杏属	103°21'10.18"	35°27'45.74"	150	810	280	东乡县达板镇黑石山下社	一般	个人	一般保护
34	6229260052	大接杏	Armeniaca vulgaris	杏子	蔷薇科	杏属	103°21'10.29"	35°20'46.70"	150	850	230	东乡县达板镇黑石山下社	一般	个人	一般保护
35	6229260053	大接杏	Armeniaca vulgaris	杏子	蔷薇科	杏属	103°21'9.5"	35°27'46.98"	150	870	200	东乡县达板镇黑石山下社	一般	个人	一般保护
36	6229260054	大接杏	Armeniaca vulgaris	杏子	蔷薇科	杏属	103°21'9.4"	35°27'47.15"	150	790	270	东乡县达板镇黑石山下社	一般	个人	一般保护

续表

序号	编号	中文名	拉丁文	别名	科	属	经度	纬度	树龄	树高	胸围	具体生长地点	长势	权属	保护措施
37	6229260056	软儿梨	Pyrus ussuriensis	冬梨、香水梨	蔷薇科	梨属	103°18'20.97"	35°30'13.06"	200	1050	330	东乡县唐汪镇白咀	旺盛	个人	一般保护
38	6229260058	旱柳	Salix matsuda	柳树、直柳、河柳	杨柳科	杨柳属	103°18'18.82"	35°30'18.40"	150	1530	540	东乡县唐汪镇白咀村	旺盛	个人	一般保护
39	6229260059	白榆	Ulmus pumila	家榆、榆树	榆科	榆属	103°18'52.80"	35°29'29.88"	100	2230	260	东乡县唐汪镇照碧山村	旺盛	个人	一般保护
40	6229260060	侧柏	Biota orientalis	扁柏、柏树	柏科	侧柏属	103°18'52.80"	35°29'29.88"	100	1270	125	东乡县唐汪镇照碧山村	旺盛	个人	一般保护
41	6229260064	皮胎果	Pyrus ussuriensis	剥皮梨、酸巴梨、芽面包	蔷薇科	梨属	103°12'14.79"	35°19'21.68"	120	1220	240	东乡县关卜乡漫坪村6社	旺盛	个人	一般保护
42	6229260065	皮胎果	Pyrus ussuriensis	剥皮梨、酸巴梨、芽面包	蔷薇科	梨属	103°12'14.79"	35°19'21.68"	120	1270	250	东乡县关卜乡漫坪村6社地坎	旺盛	个人	一般保护
43	6229260067	旱柳	Salix matsuda	柳树、直柳、河柳	杨柳科	杨柳属	103°12'17.07"	35°19'18.09"	100	2600	280	东乡县关卜乡漫坪村6社	旺盛	个人	一般保护
44	6229260068	皮胎果	Pyrus ussuriensis	剥皮梨、酸巴梨、芽面包	蔷薇科	梨属	103°12'15.08"	35°19'21.73"	120	960	180	东乡县关卜乡漫坪村6社房背后	一般	个人	一般保护
45	6229260069	皮胎果	Pyrus ussuriensis	剥皮梨、酸巴梨、芽面包	蔷薇科	梨属	103°12'15.08"	35°19'21.73"	120	670	200	东乡县关卜乡漫坪村6社房背后	旺盛	个人	一般保护
46	6229260070	皮胎果	Pyrus ussuriensis	剥皮梨、酸巴梨、芽面包	蔷薇科	梨属	103°12'14.79"	35°19'21.68"	120	600	160	东乡县关卜乡漫坪村6社地埂	一般	个人	一般保护
47	6229260072	皮胎果	Pyrus ussuriensis	剥皮梨、酸巴梨、芽面包	蔷薇科	梨属	103°12'14.79"	35°19'21.68"	120	700	170	东乡县关卜乡漫坪村6社园子里	一般	个人	一般保护
48	6229260073	皮胎果	Pyrus ussuriensis	剥皮梨、酸巴梨、芽面包	蔷薇科	梨属	103°12'14.79"	35°19'21.68"	100	860	180	东乡县关卜乡漫坪村6社园子里	一般	个人	一般保护
49	6229260074	白榆	Ulmus pumila	家榆、榆树	榆科	榆属	103°12'3.71"	35°19'20.54"	100	1620	320	东乡县关卜乡漫坪村路边	一般	个人	一般保护
50	6229260077	皮胎果	Pyrus ussuriensis	剥皮梨、酸巴梨、芽面包	蔷薇科	梨属	103°12'3.71"	35°19'16.94"	120	1350	255	东乡县关卜乡漫坪村	一般	个人	一般保护

续表

序号	编号	树种 中文名	树种 拉丁文	树种 别名	科	属	经度	纬度	树龄	树高	胸围	具体生长地点	长势	权属	保护措施
51	6229260078	青杆	Picea wilsonii	细叶云杉、魏氏云杉、华北云杉	松科	云杉属	103°12'42.32"	35°19'56.26"	150	2400	195	东乡县百合乡政府院内	旺盛	集体	一般保护
52	6229260079	青杆	Picea wilsonii	细叶云杉、魏氏云杉、华北云杉	松科	云杉属	103°12'42.32"	35°19'56.26"	150	2300	155	东乡县关卜乡百合岘	旺盛	集体	一般保护
积石山县															
1	6229270011	梨	Pyrrs spp.	木梨	蔷薇科	梨属	102°59'27.07"	35°45'48.47"	107	1300	230	积石山县安集乡风林村马家咀	正常	个人	一般保护
2	6229270012	卫矛	Euonymus alatus	鬼箭羽、四棱树、三神斗、八棱柴、水银木	卫矛科	卫矛属	102°23'39.92"	35°56'17.33"	210	980	110	积石山县小关乡小关村小关街道	一般	个人	一般保护
3	6229270013	青杨	Populus cathayana	家白杨、苦杨	杨柳科	杨属	102°59'26.70"	35°45'48.28"	132	1700	110	积石山县安集乡风林村马家咀	正常	个人	一般保护
4	6229270014	核桃	Juglans regia	绵核桃、波斯胡桃	胡桃科	胡桃属	102°45'50.70"	35°49'19.30"	120	1100	251	积石山县大河家镇康吊村10社	旺盛	个人	一般保护
5	6229270015	核桃	Juglans regia	绵核桃、波斯胡桃	胡桃科	胡桃属	102°45'50.70"	35°49'19.30"	180	1400	251	积石山县大河家镇康吊村1社	旺盛	个人	一般保护
6	6229270016	核桃	Juglans regia	绵核桃、波斯胡桃	胡桃科	胡桃属	102°45'48.86"	35°49'19.66"	200	1200	251	积石山县大河家镇康吊村1社	旺盛	个人	一般保护
7	6229270017	旱柳	Salix matsuda	柳树、直柳、河柳	杨柳科	杨柳属	102°49'24.89"	35°48'2.69"	243	2340	389	积石山县石塬乡秦阴村委会旁	一般	集体	一般保护
8	6229270018	核桃	Juglans regia	绵核桃、波斯胡桃	胡桃科	胡桃属	102°49'23.00"	35°48'5.98"	140	1200	220	积石山县石塬乡秦阴村	一般	集体	一般保护
9	6229270019	槐树	Sophora japonica	槐树、家槐	豆科	槐属	102°49'11.90"	35°47'48.76"	192	1830	302	积石山县石塬乡秦阴村	一般	集体	一般保护
10	6229270020	核桃	Juglans regia	绵核桃、波斯胡桃	胡桃科	胡桃属	102°45'48.86"	35°49'19.66"	200	1600	408	积石山县大河家镇康吊村1社	旺盛	个人	一般保护

续表

序号	编号	树种 中文名	树种 拉丁文	树种 别名	科	属	经度	纬度	树龄	树高	胸围	具体生长地点	长势	权属	保护措施
11	6229270021	旱柳	Salix matsuda	柳树、直柳、河柳	杨柳科	杨柳属	102°51′12.82″	35°49′39.18″	103	2240	340	积石山县宋家沟坡头家	正常	集体	一般保护
12	6229270022	旱柳	Salix matsuda	柳树、直柳、河柳	杨柳科	杨柳属	102°50′27.88″	35°45′6.07″	106	2490	310	积石山县柳沟乡柳沟村赵王家	正常	集体	一般保护
13	6229270023	核桃	Juglans regia	绵核桃、波斯胡桃	胡桃科	胡桃属	102°45′48.86″	35°49′19.66″	100	1100	210	积石山县大河家镇康吊村1社	旺盛	个人	一般保护
14	6229270024	核桃	Juglans regia	胡桃、英国胡桃、波斯胡桃	胡桃科	胡桃属	102°45′40.26″	35°48′55.34″	110	1400	367	积石山县大河家镇甘河滩村1社	一般	个人	一般保护
15	6229270025	核桃	Juglans regia	绵核桃、波斯胡桃	胡桃科	胡桃属	102°45′39.17″	35°49′1.26″	120	1300	408	积石山县大河家镇甘河滩村1社	旺盛	个人	一般保护
16	6229270026	核桃	Juglans regia	绵核桃、波斯胡桃	胡桃科	胡桃属	102°45′48.86″	35°49′19.66″	160	900	157	积石山县大河家镇康吊村1社	旺盛	个人	一般保护
17	6229270027	核桃	Juglans regia	绵核桃、波斯胡桃	胡桃科	胡桃属	102°45′48.87″	35°49′19.52″	160	1100	251	积石山县大河家镇康吊村1社	旺盛	个人	一般保护
18	6229270028	核桃	Juglans regia	绵核桃、波斯胡桃	胡桃科	胡桃属	102°45′50.70″	35°49′19.31″	140	1200	345	积石山县大河家镇康吊村1社	旺盛	个人	一般保护
19	6229270029	核桃	Juglans regia	绵核桃、波斯胡桃	胡桃科	胡桃属	102°45′38.53″	35°49′0.13″	120	1700	251	积石山县大河家镇甘河滩村魏咀	一般	个人	一般保护
20	6229270030	核桃	Juglans regia	绵核桃、波斯胡桃	胡桃科	胡桃属	102°45′39.17″	35°48′59.61″	100	1400	282	积石山县大河家镇甘河滩村魏咀	一般	个人	一般保护
21	6229270031	核桃	Juglans regia	绵核桃、波斯胡桃	胡桃科	胡桃属	102°58′30.82″	35°39′51.54″	112	980	360	积石山县郭干乡大杨村委会大湾	濒危	个人	一般保护
22	6229270032	旱柳	Salix matsuda	柳树、直柳、河柳	杨柳科	杨柳属	103°0′38.36″	35°38′44.45″	230	1670	610	积石山县郭干乡大杨村委会	濒危	集体	一般保护
23	6229270033	核桃	Juglans regia	绵核桃、波斯胡桃	胡桃科	胡桃属	102°59′12.05″	35°38′43.95″	120	1500	310	积石山县郭干乡大杨村委会城沟	一般	个人	一般保护

续表

序号	编号	中文名	拉丁文	别名	科	属	经度	纬度	树龄	树高	胸围	具体生长地点	长势	权属	保护措施
24	6229270034	核桃	Juglans regia	绵核桃、波斯胡桃	胡桃科	胡桃属	102°59'11.87"	35°33'15.15"	120	1760	220	积石山县郭干乡大杨村委会	一般	个人	一般保护
25	6229270035	核桃	Juglans regia	绵核桃、波斯胡桃	胡桃科	胡桃属	102°45'50.71"	35°49'19.32"	140	1200	345	积石山县大河家镇康吊村2社	旺盛	个人	一般保护
26	6229270036	核桃	Juglans regia	绵核桃、波斯胡桃	胡桃科	胡桃属	102°45'50.70"	35°49'19.31"	180	1400	251	积石山县大河家镇康吊村3社	旺盛	个人	一般保护
27	6229270037	楸树	Firmiana simple	梓桐、金丝楸	紫葳科	梓属	103°3'30.27"	35°38'33.38"	107	2100	215	积石山县银川乡新庄村新庄小学院内	集体	个人	一般保护
28	6229270038	核桃	Juglans regia	绵核桃、波斯胡桃	胡桃科	胡桃属	102°45'48.86"	35°49'19.66"	200	1600	251	积石山县大河家镇康吊村2社	旺盛	个人	一般保护
29	6229270039	核桃	Juglans regia	绵核桃、波斯胡桃	胡桃科	胡桃属	102°47'15.15"	35°48'27.01"	150	1300	260	积石山县刘集乡陶家村	旺盛	个人	一般保护
30	6229270040	核桃	Juglans regia	绵核桃、波斯胡桃	胡桃科	胡桃属	102°47'25.04"	35°48'26.85"	170	1200	323	积石山县刘集乡陶家村5社	一般	个人	一般保护
31	6229270041	核桃	Juglans regia	绵核桃、波斯胡桃	胡桃科	胡桃属	102°47'20.19"	35°48'29.50"	120	1100	216	积石山县刘集乡陶家村4社	一般	个人	一般保护
32	6229270042	核桃	Juglans regia	绵核桃、波斯胡桃	胡桃科	胡桃属	102°47'16.48"	35°48'30.89"	160	1300	251	积石山县刘集乡陶家村4社	一般	个人	一般保护
33	6229270043	核桃	Juglans regia	绵核桃、波斯胡桃	胡桃科	胡桃属	102°17'16.46"	35°48'29.75"	160	1500	229	积石山县刘集乡陶家村4社	一般	个人	一般保护
34	6229270044	核桃	Juglans regia	绵核桃、波斯胡桃	胡桃科	胡桃属	102°17'16.46"	35°48'29.75"	160	1300	266	积石山县刘集乡陶家村4社	旺盛	个人	一般保护
35	6229270045	核桃	Juglans regia	绵核桃、波斯胡桃	胡桃科	胡桃属	102°46'58.87"	35°48'19.09"	155	1300	401	积石山县刘集乡陶家村4社	旺盛	个人	一般保护
36	6229270046	核桃	Juglans regia	绵核桃、波斯胡桃	胡桃科	胡桃属	102°46'55.65"	35°48'25.82"	200	1500	376	积石山县团结乡团结村4社	一般	个人	一般保护
37	6229270047	核桃	Juglans regia	绵核桃、波斯胡桃	胡桃科	胡桃属	102°47'13.96"	35°47'46.97"	100	1300	219	积石山县团结乡团结村4社	较差	集体	一般保护
38	6229270048	核桃	Juglans regia	绵核桃、波斯胡桃	胡桃科	胡桃属	102°46'52.91"	35°46'59.14"	250	1600	439	积石山县刘集乡刘集村9社	一般	个人	一般保护
39	6229270049	核桃	Juglans regia	绵核桃、波斯胡桃	胡桃科	胡桃属	102°46'54.12"	35°46'58.15"	110	1600	314	积石山县刘集乡刘集村9社	一般	个人	一般保护

续表

序号	编号	树种 中文名	树种 拉丁文	别名	科	属	经度	纬度	树龄	树高	胸围	具体生长地点	长势	权属	保护措施
40	6229270050	核桃	*Juglans regia*	绵核桃、波斯胡桃	胡桃科	胡桃属	102°46′52.91″	35°46′59.14″	110	1200	251	积石山县石塬乡秦阴村3社	较差	集体	一般保护
41	6229270051	核桃	*Juglans regia*	绵核桃、波斯胡桃	胡桃科	胡桃属	102°49′30.58″	35°48′7.27″	110	1300	282	积石山县石塬乡秦阴村	一般	集体	一般保护
42	6229270052	核桃	*Juglans regia*	绵核桃、波斯胡桃	胡桃科	胡桃属	102°49′30.55″	35°48′7.27″	150	1600	314	积石山县石塬乡秦阴村	一般	集体	一般保护
43	6229270053	核桃	*Juglans regia*	绵核桃、波斯胡桃	胡桃科	胡桃属	102°49′30.55″	35°48′7.27″	130	1400	251	积石山县石塬乡秦阴村	一般	集体	一般保护
44	6229270054	核桃	*Juglans regia*	绵核桃、波斯胡桃	胡桃科	胡桃属	102°51′30.02″	35°48′26.02″	170	1200	219	积石山县石塬乡石塬村上社洼社	一般	个人	一般保护
45	6229270055	核桃	*Juglans regia*	绵核桃、波斯胡桃	胡桃科	胡桃属	102°51′31.07″	35°48′19.13″	160	1200	219	积石山县石塬乡石塬村上社洼社	一般	个人	一般保护
46	6229270056	核桃	*Juglans regia*	绵核桃、波斯胡桃	胡桃科	胡桃属	102°51′35.25″	35°48′16.95″	160	1100	341	积石山县石塬乡石塬村下社洼社	一般	个人	一般保护
47	6229270057	核桃	*Juglans regia*	绵核桃、波斯胡桃	胡桃科	胡桃属	102°51′35.25″	35°48′16.95″	140	1300	219	积石山县石塬乡石塬村下社洼社	旺盛	个人	一般保护
48	6229270058	核桃	*Juglans regia*	绵核桃、波斯胡桃	胡桃科	胡桃属	102°47′17.04″	35°50′50.16″	200	1500	502	积石山县大河家镇陈家村1社	较差	个人	一般保护
49	6229270059	核桃	*Juglans regia*	绵核桃、波斯胡桃	胡桃科	胡桃属	102°45′50.70″	35°49′19.30″	150	1500	314	积石山县大河家镇康吊村8社	旺盛	个人	一般保护
50	6229270060	核桃	*Juglans regia*	绵核桃、波斯胡桃	胡桃科	胡桃属	102°45′50.70″	35°49′19.30″	150	1600	345	积石山县大河家镇康吊村1社	旺盛	个人	一般保护
51	6229270065	核桃	*Juglans regia*	绵核桃、波斯胡桃	胡桃科	胡桃属	102°46′52.75″	35°50′4.03″	140	1800	335	积石山县大河家镇克新民村	旺盛	个人	一般保护
52	6229270067	核桃	*Juglans regia*	绵核桃、波斯胡桃	胡桃科	胡桃属	102°46′53.14″	35°50′7.5″	150	2000	360	积石山县大河家镇克新民村	旺盛	个人	一般保护
53	6229270068	核桃	*Juglans regia*	绵核桃、波斯胡桃	胡桃科	胡桃属	102°46′50.43″	35°50′3.18″	150	1200	250	积石山县大河家镇克新民村	一般	个人	一般保护

续表

序号	编号	树种 中文名	树种 拉丁文	别名	科	属	经度	纬度	树龄	树高	胸围	具体生长地点	长势	权属	保护措施
54	6229270069	核桃	*Juglans regia*	绵核桃、波斯胡桃	胡桃科	胡桃属	102°28′21.90″	35°27′44.46″	100	2100	314	积石山县刘集乡刘集村9社	一般	个人	一般保护
55	6229270070	核桃	*Juglans regia*	绵核桃、波斯胡桃	胡桃科	胡桃属	102°28′21.90″	35°27′44.46″	100	2400	565	积石山县刘集乡刘集村9社	旺盛	个人	一般保护
56	6229270071	核桃	*Juglans regia*	绵核桃、波斯胡桃	胡桃科	胡桃属	102°28′21.89″	35°27′44.45″	100	1900	220	积石山县刘集乡刘集村9社	一般	个人	一般保护
57	6229270072	核桃	*Juglans regia*	绵核桃、波斯胡桃	胡桃科	胡桃属	102°28′21.89″	35°27′44.45″	100	1600	251	积石山县刘集乡刘集村9社	一般	个人	一般保护
58	6229270073	核桃	*Juglans regia*	绵核桃、波斯胡桃	胡桃科	胡桃属	102°28′19.23″	35°27′52.59″	100	2000	220	积石山县刘集乡刘集村9社	一般	个人	一般保护
59	6229270074	核桃	*Juglans regia*	绵核桃、波斯胡桃	胡桃科	胡桃属	102°28′19.32″	35°27′52.56″	100	1600	251	积石山县刘集乡刘集村9社	一般	个人	一般保护
60	6229270075	核桃	*Juglans regia*	绵核桃、波斯胡桃	胡桃科	胡桃属	102°28′19.32″	35°27′52.58″	100	1700	220	积石山县刘集乡刘集村9社	较差	个人	一般保护
61	6229270076	核桃	*Juglans regia*	绵核桃、波斯胡桃	胡桃科	胡桃属	102°28′19.34″	35°27′52.58″	100	2000	220	积石山县刘集乡刘集村9社	较差	个人	一般保护
62	6229270077	核桃	*Juglans regia*	绵核桃、波斯胡桃	胡桃科	胡桃属	102°28′19.33″	35°27′52.59″	120	2100	283	积石山县刘集乡刘集村9社	一般	个人	一般保护
63	6229270078	核桃	*Juglans regia*	绵核桃、波斯胡桃	胡桃科	胡桃属	102°28′19.29″	35°27′52.56″	100	1700	283	积石山县刘集乡刘集村9社	较差	个人	一般保护
64	6229270079	核桃	*Juglans regia*	绵核桃、波斯胡桃	胡桃科	胡桃属	102°28′19.29″	35°27′52.56″	110	1800	314	积石山县刘集乡刘集村9社	一般	个人	一般保护
65	6229270080	核桃	*Juglans regia*	绵核桃、波斯胡桃	胡桃科	胡桃属	102°28′19.32″	35°27′52.58″	100	1800	220	积石山县刘集乡刘集村9社	较差	个人	一般保护
66	6229270081	核桃	*Juglans regia*	绵核桃、波斯胡桃	胡桃科	胡桃属	102°43′39.03″	35°27′52.59″	100	1700	283	积石山县刘集乡刘集村9社	一般	个人	一般保护
67	6229270082	核桃	*Juglans regia*	绵核桃、波斯胡桃	胡桃科	胡桃属	102°43′39.03″	35°27′44.46″	100	1600	220	积石山县刘集乡刘集村9社	一般	个人	一般保护
68	6229270083	核桃	*Juglans regia*	绵核桃、波斯胡桃	胡桃科	胡桃属	102°28′21.92″	35°27′44.46″	100	2000	283	积石山县刘集乡刘集村9社	较差	个人	一般保护
69	6229270084	核桃	*Juglans regia*	绵核桃、波斯胡桃	胡桃科	胡桃属	102°28′21.89″	35°27′44.46″	100	1800	283	积石山县刘集乡刘集村9社	一般	个人	一般保护
70	6229270085	核桃	*Juglans regia*	绵核桃、波斯胡桃	胡桃科	胡桃属	102°28′21.90″	35°27′44.47″	100	1500	251	积石山县刘集乡刘集村9社	一般	个人	一般保护

续表

序号	编号	树种 中文名	树种 拉丁文	树种 别名	科	属	经度	纬度	树龄	树高	胸围	具体生长地点	长势	权属	保护措施
71	6229270086	核桃	Juglans regia	绵核桃、波斯胡桃	胡桃科	胡桃属	102°43′39.03″	35°27′44.46″	100	1400	314	积石山县刘集乡刘集村9社	一般	个人	一般保护
72	6229270087	核桃	Juglans regia	绵核桃、波斯胡桃	胡桃科	胡桃属	102°28′21.89″	35°27′44.46″	100	1600	354	积石山县刘集乡刘集村9社	较差	个人	一般保护
73	6229270088	核桃	Juglans regia	绵核桃、波斯胡桃	胡桃科	胡桃属	102°28′21.90″	35°27′44.46″	100	1900	250	积石山县刘集乡刘集村3社	旺盛	个人	一般保护
74	6229270089	核桃	Juglans regia	绵核桃、波斯胡桃	胡桃科	胡桃属	102°28′21.89″	35°27′44.46″	100	1600	251	积石山县刘集乡刘集村3社	一般	个人	一般保护
75	6229270090	核桃	Juglans regia	绵核桃、波斯胡桃	胡桃科	胡桃属	102°28′21.90″	35°27′44.45″	100	1600	354	积石山县刘集乡刘集村3社	一般	个人	一般保护
76	6229270091	核桃	Juglans regia	绵核桃、波斯胡桃	胡桃科	胡桃属	102°28′21.90″	35°27′44.46″	100	1700	221	积石山县刘集乡刘集村3社	一般	个人	一般保护
77	6229270092	核桃	Juglans regia	绵核桃、波斯胡桃	胡桃科	胡桃属	102°47′3.91″	35°50′44.10″	100	1700	502	积石山县大河家镇陈家村1社	较差	个人	一般保护
78	6229270093	核桃	Juglans regia	绵核桃、波斯胡桃	胡桃科	胡桃属	102°50′44.14″	35°51′9.80″	130	1900	502	积石山县大河家镇陈家村1社	一般	个人	一般保护
79	6229270094	核桃	Juglans regia	绵核桃、波斯胡桃	胡桃科	胡桃属	102°47′49.05″	35°50′51.64″	150	1900	376	积石山县大河家镇陈家村1社	一般	个人	一般保护
80	6229270095	核桃	Juglans regia	绵核桃、波斯胡桃	胡桃科	胡桃属	102°47′14.58″	35°50′50.11″	200	2100	471	积石山县大河家镇陈家村1社		个人	一般保护
81	6229270096	核桃	Juglans regia	绵核桃、波斯胡桃	胡桃科	胡桃属	102°47′47.37″	35°50′50.21″	200	1900	408	积石山县大河家镇陈家村1社	一般	个人	一般保护
82	6229270097	核桃	Juglans regia	绵核桃、波斯胡桃	胡桃科	胡桃属	102°47′46.60″	35°50′47.84″	200	1800	628	积石山县大河家镇陈家村1社	一般	个人	一般保护
83	6229270098	核桃	Juglans regia	绵核桃、波斯胡桃	胡桃科	胡桃属	102°47′44.08″	35°50′47.90″	200	1500	502	积石山县大河家镇陈家村1社	较差	个人	一般保护
84	6229270099	核桃	Juglans regia	绵核桃、波斯胡桃	胡桃科	胡桃属	102°47′43.82″	35°50′51.56″	200	2200	487	积石山县大河家镇陈家村1社	较差	个人	一般保护

续表

序号	编号	中文名	拉丁文	别名	科	属	经度	纬度	树龄	树高	胸围	具体生长地点	长势	权属	保护措施
85	6229270100	核桃	Juglans regia	绵核桃、波斯胡桃	胡桃科	胡桃属	102°47'3.91"	35°50'44.84"	125	1800	260	积石山县大河家镇陈家村1社	一般	个人	一般保护
86	6229270101	核桃	Juglans regia	绵核桃、波斯胡桃	胡桃科	胡桃属	102°59'1.71"	35°50'24"	130	1900	502	积石山县大河家镇陈家村2社	一般	个人	一般保护
87	6229270102	核桃	Juglans regia	绵核桃、波斯胡桃	胡桃科	胡桃属	102°47'3.65"	35°50'46.74"	120	1600	330	积石山县大河家镇陈家村1社	一般	个人	一般保护
88	6229270103	核桃	Juglans regia	绵核桃、波斯胡桃	胡桃科	胡桃属	102°47'33.47"	35°50'46.27"	100	1300	376	积石山县大河家镇陈家村王家1社	较差	个人	一般保护
89	6229270104	核桃	Juglans regia	绵核桃、波斯胡桃	胡桃科	胡桃属	102°47'2.81"	35°50'42.89"	200	1900	565	积石山县大河家镇陈家村1社	一般	个人	一般保护
90	6229270105	核桃	Juglans regia	绵核桃、波斯胡桃	胡桃科	胡桃属	102°47'3.33"	35°50'43.84"	200	700	345	积石山县大河家镇陈家村1社	濒死	个人	一般保护
91	6229270106	核桃	Juglans regia	绵核桃、波斯胡桃	胡桃科	胡桃属	102°47'53.84"	35°50'51.21"	120	1500	502	积石山县大河家镇陈家村2社	濒死	个人	一般保护
92	6229270107	核桃	Juglans regia	绵核桃、波斯胡桃	胡桃科	胡桃属	102°47'53.84"	35°50'51.21"	120	1500	502	积石山县大河家镇陈家村2社	较差	个人	一般保护
93	6229270108	核桃	Juglans regia	绵核桃、波斯胡桃	胡桃科	胡桃属	102°50'57.85"	35°47'57.46"	120	2200	220	积石山县大河家镇陈家村3社	一般	个人	一般保护
94	6229270109	核桃	Juglans regia	绵核桃、波斯胡桃	胡桃科	胡桃属	102°27'49.26"	35°33'1.76"	100	1900	204	积石山县大河家镇周家村1社	较差	个人	一般保护
95	6229270110	核桃	Juglans regia	绵核桃、波斯胡桃	胡桃科	胡桃属	102°27'49.25"	35°30'17.68"	100	1600	220	积石山县大河家镇周家村1社	一般	个人	一般保护
96	6229270111	核桃	Juglans regia	绵核桃、波斯胡桃	胡桃科	胡桃属	102°27'49.25"	35°30'17.68"	100	1700	376	积石山县大河家镇周家村1社	较差	个人	一般保护

续表

序号	编号	中文名	拉丁文	别名	科	属	经度	纬度	树龄	树高	胸围	具体生长地点	长势	权属	保护措施
97	6229270112	核桃	Juglans regia	绵核桃、波斯胡桃	胡桃科	胡桃属	102°27′48.62″	35°30′17.99″	100	2000	283	积石山县大河家镇周家村1社	一般	个人	一般保护
98	6229270114	核桃	Juglans regia	绵核桃、波斯胡桃	胡桃科	胡桃属	102°27′48.63″	35°30′17.92″	120	2600	502	积石山县大河家镇周家村1社	一般	个人	一般保护
99	6229270115	核桃	Juglans regia	绵核桃、波斯胡桃	胡桃科	胡桃属	102°27′48.63″	35°32′56.76″	100	1900	345	积石山县大河家镇周家村1社	一般	个人	一般保护
100	6229270116	核桃	Juglans regia	绵核桃、波斯胡桃	胡桃科	胡桃属	102°27′49.53″	35°30′18.58″	100	1800	283	积石山县大河家镇周家村1社	较差	个人	一般保护
101	6229270117	核桃	Juglans regia	绵核桃、波斯胡桃	胡桃科	胡桃属	102°27′45.02″	35°30′53.46″	110	2200	487	积石山县大河家镇周家村1社	一般	个人	一般保护
102	6229270118	核桃	Juglans regia	绵核桃、波斯胡桃	胡桃科	胡桃属	102°27′44.91″	35°30′51.19″	100	2500	455	积石山县大河家镇周家村1社	较差	集体	一般保护
103	6229270119	核桃	Juglans regia	绵核桃、波斯胡桃	胡桃科	胡桃属	102°27′44.99″	35°30′45.64″	200	2300	597	积石山县大河家镇周家村1社	一般	个人	一般保护
104	6229270120	核桃	Juglans regia	绵核桃、波斯胡桃	胡桃科	胡桃属	102°27′44.76″	35°30′44.38″	200	2500	408	积石山县大河家镇周家村1社	一般	个人	一般保护
105	6229270121	核桃	Juglans regia	绵核桃、波斯胡桃	胡桃科	胡桃属	102°27′43.95″	35°30′57.13″	200	2200	376	积石山县大河家镇周家村1社	一般	个人	一般保护
106	6229270122	核桃	Juglans regia	绵核桃、波斯胡桃	胡桃科	胡桃属	102°27′44.62″	35°31′0.69″	110	2000	345	积石山县大河家镇周家村1社	较差	个人	一般保护
107	6229270123	核桃	Juglans regia	绵核桃、波斯胡桃	胡桃科	胡桃属	102°27′45.03″	35°31′2.92″	100	2200	220	积石山县大河家镇周家村1社	一般	个人	一般保护
108	6229270124	核桃	Juglans regia	绵核桃、波斯胡桃	胡桃科	胡桃属	102°27′45.03″	35°31′2.92″	100	2000	305	积石山县大河家镇周家村1社	一般	个人	一般保护

续表

序号	编号	中文名	拉丁文	别名	科	属	经度	纬度	树龄	树高	胸围	具体生长地点	长势	权属	保护措施
109	6229270125	核桃	Juglans regia	绵核桃、波斯胡桃	胡桃科	胡桃属	102°27′44.98″	35°31′9.69″	100	2600	345	积石山县大河家镇周家村1社	一般	个人	一般保护
110	6229270126	核桃	Juglans regia	绵核桃、波斯胡桃	胡桃科	胡桃属	102°27′44.98″	35°31′9.69″	100	1800	229	积石山县大河家镇周家村1社	一般	个人	一般保护
111	6229270127	核桃	Juglans regia	绵核桃、波斯胡桃	胡桃科	胡桃属	102°28′22.13″	35°28′34.46″	100	2000	220	积石山县刘集乡高李村2社	一般	个人	一般保护
112	6229270128	核桃	Juglans regia	绵核桃、波斯胡桃	胡桃科	胡桃属	102°28′18.81″	35°28′33.92″	100	2100	283	积石山县刘集乡高李村2社	一般	个人	一般保护
113	6229270129	核桃	Juglans regia	绵核桃、波斯胡桃	胡桃科	胡桃属	102°28′22.12″	35°28′34.39″	120	1600	251	积石山县刘集乡高李村2社	一般	个人	一般保护
114	6229270130	核桃	Juglans regia	绵核桃、波斯胡桃	胡桃科	胡桃属	102°46′50.43″	35°50′3.7″	155	1600	340	积石山县大河家镇克新民村	一般	个人	一般保护
115	6229270131	核桃	Juglans regia	绵核桃、波斯胡桃	胡桃科	胡桃属	102°28′22.12″	35°28′34.39″	100	1700	221	积石山县刘集乡高李村2社	较差	个人	一般保护
116	6229270132	核桃	Juglans regia	绵核桃、波斯胡桃	胡桃科	胡桃属	102°27′30.54″	35°50′23.18″	150	1300	260	积石山县大河家村	一般	个人	一般保护
117	6229270133	核桃	Juglans regia	绵核桃、波斯胡桃	胡桃科	胡桃属	102°50′57.85″	35°47′57.46″	100	1100	345	积石山县大河家村1社	较差	个人	一般保护
118	6229270134	核桃	Juglans regia	绵核桃、波斯胡桃	胡桃科	胡桃属	102°28′22.82″	35°30′57.16″	110	1400	330	积石山县大河家镇陈家村7社	一般	个人	一般保护
119	6229270135	核桃	Juglans regia	绵核桃、波斯胡桃	胡桃科	胡桃属	102°28′21.93″	35°30′19.03″	100	1600	220	积石山县大河家镇陈家村7社	一般	个人	一般保护
120	6229270136	核桃	Juglans regia	绵核桃、波斯胡桃	胡桃科	胡桃属	102°28′21.67″	35°30′20.12″	100	1800	172	积石山县大河家镇陈家村7社	旺盛	个人	一般保护
121	6229270137	核桃	Juglans regia	绵核桃、波斯胡桃	胡桃科	胡桃属	102°28′21.49″	35°30′20.35″	100	1600	188	积石山县大河家镇陈家村7社	一般	个人	一般保护
122	6229270138	核桃	Juglans regia	绵核桃、波斯胡桃	胡桃科	胡桃属	102°28′24.06″	35°30′17.91″	100	2200	314	积石山县大河家镇陈家村7社	旺盛	个人	一般保护

续表

序号	编号	中文名	拉丁文	别名	科	属	经度	纬度	树龄	树高	胸围	具体生长地点	长势	权属	保护措施
123	6229270139	核桃	Juglans regia	绵核桃、波斯胡桃	胡桃科	胡桃属	102°28'20.05"	35°30'18.96"	100	1600	220	积石山县大河家镇陈家村6社	较差	个人	一般保护
124	6229270140	核桃	Juglans regia	绵核桃、波斯胡桃	胡桃科	胡桃属	102°28'19.50"	35°30'18.74"	101	1900	220	积石山县大河家镇陈家村7社	一般	个人	一般保护
125	6229270141	核桃	Juglans regia	绵核桃、波斯胡桃	胡桃科	胡桃属	102°28'20.05"	35°30'18.96"	100	1900	314	积石山县大河家镇陈家村7社	一般	个人	一般保护
126	6229270142	核桃	Juglans regia	绵核桃、波斯胡桃	胡桃科	胡桃属	102°47'50.80"	35°50'44.79"	100	1300	392	积石山县大河家镇陈家村2社	较差	个人	一般保护
127	6229270143	核桃	Juglans regia	绵核桃、波斯胡桃	胡桃科	胡桃属	102°47'56.11"	35°50'45.95"	150	2200	393	积石山县大河家镇陈家村2社	一般	个人	一般保护
128	6229270144	核桃	Juglans regia	绵核桃、波斯胡桃	胡桃科	胡桃属	102°28'22.82"	35°30'57.16"	150	2500	471	积石山县大河家镇陈家村2社	一般	个人	一般保护
129	6229270145	核桃	Juglans regia	绵核桃、波斯胡桃	胡桃科	胡桃属	102°47'56.56"	35°50'55.11"	100	1300	345	积石山县大河家镇陈家村3社	一般	个人	一般保护
130	6229270146	核桃	Juglans regia	绵核桃、波斯胡桃	胡桃科	胡桃属	102°47'56.43"	35°50'55.01"	110	1100	345	积石山县大河家镇陈家村3社	较差	个人	一般保护
131	6229270147	核桃	Juglans regia	绵核桃、波斯胡桃	胡桃科	胡桃属	102°47'57.21"	35°50'56.59"	115	1400	345	积石山县大河家镇陈家村3社	较差		一般保护
132	6229270149	核桃	Juglans regia	绵核桃、波斯胡桃	胡桃科	胡桃属	102°50'44.14"	35°51'9.8"	120	1320	251	积石山县大河家镇陈家8社	旺盛	个人	一般保护
133	6229270150	核桃	Juglans regia	绵核桃、波斯胡桃	胡桃科	胡桃属	102°50'4.75"	35°51'7.64"	120	1560	471	积石山县大河家镇韩陕家3社	旺盛	个人	一般保护
134	6229270151	核桃	Juglans regia	绵核桃、波斯胡桃	胡桃科	胡桃属	102°48'34.91"	35°50'49.11"	100	2200	314	积石山县大河家镇韩陕家1社	一般	个人	一般保护

续表

序号	编号	树种 中文名	树种 拉丁文	树种 别名	科	属	经度	纬度	树龄	树高	胸围	具体生长地点	长势	权属	保护措施
135	6229270152	核桃	Juglans regia	绵核桃、波斯胡桃	胡桃科	胡桃属	102°48'34.91"	35°50'49.11"	110	1220	314	积石山县大河家镇韩陕家1社	濒死	个人	一般保护
136	6229270153	核桃	Juglans regia	绵核桃、波斯胡桃	胡桃科	胡桃属	102°48'35.95"	35°50'49.32"	120	2500	518	积石山县大河家镇韩陕家1社	一般	个人	一般保护
137	6229270154	核桃	Juglans regia	绵核桃、波斯胡桃	胡桃科	胡桃属	102°48'38.41"	35°50'35.5"	110	2400	251	积石山县大河家镇韩陕家8社	一般	个人	一般保护
138	6229270156	核桃	Juglans regia	绵核桃、波斯胡桃	胡桃科	胡桃属	102°49'2.96"	35°50'50.85"	110	1750	229	积石山县大河家镇韩陕家2社	旺盛	个人	一般保护
139	6229270157	核桃	Juglans regia	绵核桃、波斯胡桃	胡桃科	胡桃属	102°45'44.49"	35°49'20.24"	200	1200	251	积石山县大河家镇康吊村前川	旺盛	个人	一般保护
140	6229270158	核桃	Juglans regia	绵核桃、波斯胡桃	胡桃科	胡桃属	102°45'48.76"	35°49'19.66"	200	1200	314	积石山县大河家镇康吊村3社	较差	个人	一般保护
141	6229270159	核桃	Juglans regia	绵核桃、波斯胡桃	胡桃科	胡桃属	102°45'50.29"	35°49'19.2"	100	1400	188	积石山县大河家镇康吊村3社	旺盛	个人	一般保护
142	6229270160	核桃	Juglans regia	绵核桃、波斯胡桃	胡桃科	胡桃属	102°28'17.38"	35°28'59.00"	160	1500	439	积石山县刘集乡陶家村4社	一般	个人	一般保护
143	6229270161	核桃	Juglans regia	绵核桃、波斯胡桃	胡桃科	胡桃属	102°47'16.94"	35°49'59.60"	145	1700	410	积石山县大河家镇新民村	旺盛	个人	一般保护
144	6229270162	核桃	Juglans regia	绵核桃、波斯胡桃	胡桃科	胡桃属	102°46'51.72"	35°50'2.5"	175	1800	170	积石山县大河家镇新民村	一般	个人	一般保护
145	6229270163	核桃	Juglans regia	绵核桃、波斯胡桃	胡桃科	胡桃属	102°46'53.79"	35°50'6.77"	100	1800	435	积石山县大河家镇新民村	旺盛	个人	一般保护
146	6229270164	核桃	Juglans regia	绵核桃、波斯胡桃	胡桃科	胡桃属	102°46'57.41"	35°49'59.60"	160	1800	295	积石山县大河家镇新民村	一般	个人	一般保护
147	6229270165	核桃	Juglans regia	绵核桃、波斯胡桃	胡桃科	胡桃属	102°47'0.26"	35°49'58.97"	160	1800	340	积石山县大河家镇新民村	旺盛	个人	一般保护
148	6229270166	核桃	Juglans regia	绵核桃、波斯胡桃	胡桃科	胡桃属	102°477.37"	35°49'59.77"	200	1800	471	积石山县大河家镇新民村	一般	个人	一般保护

续表

序号	编号	树种 中文名	树种 拉丁文	别名	科	属	经度	纬度	树龄	树高	胸围	具体生长地点	长势	权属	保护措施
149	6229270167	核桃	Juglans regia	绵核桃、波斯胡桃	胡桃科	胡桃属	102°46′55.99″	35°49′53.49″	110	1800	290	积石山县大河家镇克新民村	旺盛	个人	一般保护
150	6229270170	核桃	Juglans regia	绵核桃、波斯胡桃	胡桃科	胡桃属	102°27′50.65″	35°28′57.32″	140	800	565	积石山县刘集乡陶家村2社	一般	个人	一般保护
151	6229270173	核桃	Juglans regia	绵核桃、波斯胡桃	胡桃科	胡桃属	102°28′17.24″	35°28′57.63″	220	1500	389	积石山县刘集乡陶家村4社	旺盛	个人	一般保护
152	6229270174	核桃	Juglans regia	绵核桃、波斯胡桃	胡桃科	胡桃属	102°28′14.97″	35°28′57.77″	170	1400	216	积石山县刘集乡陶家村4社	旺盛	个人	一般保护
153	6229270175	核桃	Juglans regia	绵核桃、波斯胡桃	胡桃科	胡桃属	102°27′50.77″	35°31′9.76″	100	1800	376	积石山县大河家镇周家村3社	一般	个人	一般保护
154	6229270176	核桃	Juglans regia	绵核桃、波斯胡桃	胡桃科	胡桃属	102°27′55.29″	35°31′3.68″	100	1800	220	积石山县大河家镇周家村9社	一般	个人	一般保护
155	6229270177	核桃	Juglans regia	绵核桃、波斯胡桃	胡桃科	胡桃属	102°27′55.29″	35°31′4.29″	100	2000	283	积石山县大河家镇周家村4社	一般	个人	一般保护
156	6229270178	核桃	Juglans regia	绵核桃、波斯胡桃	胡桃科	胡桃属	102°26′47.43″	35°30′59.72″	100	1900	251	积石山县大河家镇周家村4社	一般	个人	一般保护
157	6229270179	核桃	Juglans regia	绵核桃、波斯胡桃	胡桃科	胡桃属	102°27′51.71″	35°30′36.64″	100	2000	220	积石山县大河家镇周家村4社	一般	个人	一般保护
158	6229270180	核桃	Juglans regia	绵核桃、波斯胡桃	胡桃科	胡桃属	102°27′49.24″	35°30′36.68″	100	2000	345	积石山县大河家镇周家村3社	一般	个人	一般保护
159	6229270181	核桃	Juglans regia	绵核桃、波斯胡桃	胡桃科	胡桃属	102°27′51.72″	35°30′36.68″	100	1900	220	积石山县大河家镇周家村3社	一般	个人	一般保护
160	6229270182	核桃	Juglans regia	绵核桃、波斯胡桃	胡桃科	胡桃属	102°28′26.96″	35°28′25.30″	100	3000	345	积石山县大河家镇周家村3社	一般	个人	一般保护
161	6229270183	核桃	Juglans regia	绵核桃、波斯胡桃	胡桃科	胡桃属	102°47′31.98″	35°51′8.02″	150	1100	440	积石山县大河家镇周家村8社	较差	个人	一般保护

续表

序号	编号	树种 中文名	树种 拉丁文	树种 别名	科	属	经度	纬度	树龄	树高	胸围	具体生长地点	长势	权属	保护措施
162	6229270184	核桃	Juglans regia	绵核桃、波斯胡桃	胡桃科	胡桃属	102°47′25.26″	35°50′41.96″	110	1500	314	积石山县大河家镇周家村8社	一般	个人	一般保护
163	6229270186	核桃	Juglans regia	绵核桃、波斯胡桃	胡桃科	胡桃属	102°27′54.47″	35°30′56.73″	110	2000	283	积石山县大河家镇周家村4社	较差	个人	一般保护
164	6229270187	核桃	Juglans regia	绵核桃、波斯胡桃	胡桃科	胡桃属	102°27′54.24″	35°31′3.03″	200	2000	376	积石山县大河家镇周家村4社	旺盛	个人	一般保护
165	6229270188	核桃	Juglans regia	绵核桃、波斯胡桃	胡桃科	胡桃属	102°27′54.75″	35°30′52.84″	200	2100	376	积石山县大河家镇周家村4社	一般	个人	一般保护
166	6229270189	核桃	Juglans regia	绵核桃、波斯胡桃	胡桃科	胡桃属	102°27′54.87″	35°30′54.32″	110	2100	345	积石山县大河家镇周家村4社	一般	个人	一般保护
167	6229270190	核桃	Juglans regia	绵核桃、波斯胡桃	胡桃科	胡桃属	102°27′54.88″	35°30′44.89″	100	1000	220	积石山县大河家镇周家村4社	较差	个人	一般保护
168	6229270191	核桃	Juglans regia	绵核桃、波斯胡桃	胡桃科	胡桃属	102°27′53.71″	35°30′40.24″	100	2200	314	积石山县大河家镇周家村4社	较差	个人	一般保护
169	6229270192	核桃	Juglans regia	绵核桃、波斯胡桃	胡桃科	胡桃属	102°27′45.95″	35°31′3.75″	110	2300	220	积石山县大河家镇周家村2社	一般	个人	一般保护
170	6229270193	核桃	Juglans regia	绵核桃、波斯胡桃	胡桃科	胡桃属	102°27′46.08″	35°31′4.90″	100	2100	251	积石山县大河家镇周家村4社	一般	个人	一般保护
171	6229270194	核桃	Juglans regia	绵核桃、波斯胡桃	胡桃科	胡桃属	102°27′45.87″	35°30′40.14″	120	1900	283	积石山县大河家镇周家村2社	一般	个人	一般保护
172	6229270195	核桃	Juglans regia	绵核桃、波斯胡桃	胡桃科	胡桃属	102°27′45.84″	35°30′40.41″	110	2200	251	积石山县大河家镇周家村2社	较差	个人	一般保护
173	6229270196	核桃	Juglans regia	绵核桃、波斯胡桃	胡桃科	胡桃属	102°27′45.90″	35°30′40.39″	110	2200	314	积石山县大河家镇周家村2社	一般	个人	一般保护

续表

序号	编号	中文名	拉丁文	别名	科	属	经度	纬度	树龄	树高	胸围	具体生长地点	长势	权属	保护措施
174	6229270198	核桃	Juglans regia	绵核桃、波斯胡桃	胡桃科	胡桃属	102°27'47.27"	35°31'2.17"	100	2500	283	积石山县大河家镇周家村2社	一般	个人	一般保护
175	6229270199	核桃	Juglans regia	绵核桃、波斯胡桃	胡桃科	胡桃属	102°27'47.27"	35°31'2.17"	100	2200	251	积石山县大河家镇周家村2社	一般	个人	一般保护
176	6229270200	核桃	Juglans regia	绵核桃、波斯胡桃	胡桃科	胡桃属	102°27'47.59"	35°30'48.56"	100	1600	251	积石山县大河家镇周家村2社	一般	个人	一般保护
177	6229270201	核桃	Juglans regia	绵核桃、波斯胡桃	胡桃科	胡桃属	102°27'47.59"	35°30'48.56"	210	2100	408	积石山县大河家镇周家村2社	一般	个人	一般保护
178	6229270202	核桃	Juglans regia	绵核桃、波斯胡桃	胡桃科	胡桃属	102°27'49.02"	35°30'51.3"	110	2100	283	积石山县大河家镇周家村2社	一般	个人	一般保护
179	6229270203	核桃	Juglans regia	绵核桃、波斯胡桃	胡桃科	胡桃属	102°27'46.87"	35°30'55.26"	100	2200	440	积石山县大河家镇周家村2社	一般	个人	一般保护
180	6229270204	核桃	Juglans regia	绵核桃、波斯胡桃	胡桃科	胡桃属	102°28'27.03"	35°28'25.26"	100	1700	220	积石山县刘集乡高李村6社	较差	个人	一般保护
181	6229270205	核桃	Juglans regia	绵核桃、波斯胡桃	胡桃科	胡桃属	102°28'27.82"	35°28'24.64"	100	1900	220	积石山县刘集乡高李村4社	较差	个人	一般保护
182	6229270207	核桃	Juglans regia	绵核桃、波斯胡桃	胡桃科	胡桃属	102°28'27.82"	35°28'24.64"	120	2200	345	积石山县刘集乡高李村4社	一般	个人	一般保护
183	6229270208	核桃	Juglans regia	绵核桃、波斯胡桃	胡桃科	胡桃属	102°28'18.00"	35°28'57.67"	170	1500	376	积石山县刘集乡陶家村5社	旺盛	个人	一般保护
184	6229270209	核桃	Juglans regia	绵核桃、波斯胡桃	胡桃科	胡桃属	102°28'19.05"	35°28'58.55"	170	1500	336	积石山县刘集乡陶家村4社	旺盛	个人	一般保护
185	6229270210	核桃	Juglans regia	绵核桃、波斯胡桃	胡桃科	胡桃属	102°28'13.24"	35°28'59.03"	160	1700	355	积石山县刘集乡陶家村2社	较差	个人	一般保护
186	6229270211	核桃	Juglans regia	绵核桃、波斯胡桃	胡桃科	胡桃属	102°28'12.40"	35°28'54.91"	110	1300	283	积石山县刘集乡陶家村6社	一般	个人	一般保护

续表

序号	编号	中文名	拉丁文	别名	科	属	经度	纬度	树龄	树高	胸围	具体生长地点	长势	权属	保护措施
187	6229270212	核桃	Juglans regia	绵核桃、波斯胡桃	胡桃科	胡桃属	102°28′13.24″	35°28′53.97″	220	1200	376	积石山县刘集乡陶家村6社	一般	集体	一般保护
188	6229270215	核桃	Juglans regia	绵核桃、波斯胡桃	胡桃科	胡桃属	102°47′9.73″	35°50′50.16″	100	1600	240	积石山县大河家镇四堡子村	旺盛	个人	一般保护
189	6229270216	核桃	Juglans regia	绵核桃、波斯胡桃	胡桃科	胡桃属	102°47′9.34″	35°50′52.79″	100	800	200	积石山县大河家镇四堡子村	一般	个人	一般保护
190	6229270217	核桃	Juglans regia	绵核桃、波斯胡桃	胡桃科	胡桃属	102°46′55.99″	35°49′53.49″	180	1300	330	积石山县大河家镇四堡子村7社	一般	个人	一般保护
191	6229270218	核桃	Juglans regia	绵核桃、波斯胡桃	胡桃科	胡桃属	102°47′10.44″	35°50′43.53″	140	700	300	积石山县大河家镇四堡子村7社	濒死	个人	一般保护
192	6229270219	核桃	Juglans regia	绵核桃、波斯胡桃	胡桃科	胡桃属	102°45′22.62″	35°50′18.23″	220	1300	450	积石山县大河家镇大河村	一般	个人	一般保护
193	6229270220	核桃	Juglans regia	绵核桃、波斯胡桃	胡桃科	胡桃属	103°28′13.24″	36°28′59.03″	100	1500	223	积石山县大河家镇大河村	正常	个人	一般保护
194	6229270221	核桃	Juglans regia	绵核桃、波斯胡桃	胡桃科	胡桃属	102°15′8.63″	35°50′15.64″	120	1500	377	积石山县大河家镇大河村5社	旺盛	个人	一般保护
195	6229270222	核桃	Juglans regia	绵核桃、波斯胡桃	胡桃科	胡桃属	102°47′30.07″	35°51′58.8″	200	1200	345	积石山县大河家镇大河村	一般	个人	一般保护
196	6229270223	核桃	Juglans regia	绵核桃、波斯胡桃	胡桃科	胡桃属	102°47′30.07″	35°51′58.8″	210	1200	377	积石山县大河家镇大河村	旺盛	个人	一般保护
197	6229270224	核桃	Juglans regia	绵核桃、波斯胡桃	胡桃科	胡桃属	102°45′35.16″	35°50′8.12″	130	1400	251	积石山县大河家镇大河村5社	一般	个人	一般保护
198	6229270225	核桃	Juglans regia	绵核桃、波斯胡桃	胡桃科	胡桃属	102°47′30.07″	35°51′58.8″	200	1500	440	积石山县大河家镇大河村	旺盛	个人	一般保护
199	6229270226	核桃	Juglans regia	绵核桃、波斯胡桃	胡桃科	胡桃属	102°47′30.07″	35°51′58.8″	100	1300	236	积石山县大河家镇大河村8社	一般	个人	一般保护
200	6229270227	核桃	Juglans regia	绵核桃、波斯胡桃	胡桃科	胡桃属	102°45′28.81″	35°50′20.14″	150	1500	420	积石山县大河家镇大河村1社	一般	个人	一般保护
201	6229270228	核桃	Juglans regia	绵核桃、波斯胡桃	胡桃科	胡桃属	102°47′7.53″	35°50′39.58″	140	1400	254	积石山县大河家镇四堡子村	一般	个人	一般保护

续表

序号	编号	树种 中文名	树种 拉丁文	树种 别名	科	属	经度	纬度	树龄	树高	胸围	具体生长地点	长势	权属	保护措施
202	6229270229	核桃	Juglans regia	绵核桃、波斯胡桃	胡桃科	胡桃属	102°46′59.84″	35°50′45.00″	130	1200	279	积石山县大河家镇四堡子村4社	一般	个人	一般保护
203	6229270230	核桃	Juglans regia	绵核桃、波斯胡桃	胡桃科	胡桃属	102°47′8.57″	35°50′40.68″	210	1100	230	积石山县大河家镇四堡子村7社	一般	个人	一般保护
204	6229270231	核桃	Juglans regia	绵核桃、波斯胡桃	胡桃科	胡桃属	102°47′0.35″	35°50′39.68″	120	1400	290	积石山县大河家镇四堡子村6社	一般	集体	一般保护
205	6229270242	核桃	Juglans regia	绵核桃、波斯胡桃	胡桃科	胡桃属	102°47′0.35″	35°50′48.42″	100	1800	215	积石山县大河家镇四堡子村6社	旺盛	集体	一般保护
206	6229270243	核桃	Juglans regia	绵核桃、波斯胡桃	胡桃科	胡桃属	102°46′53.60″	35°50′46.81″	280	1740	496	积石山县刘集乡河崖村高家地	旺盛	国有	一般保护
207	6229270244	积石柳	Salix matsudana	柳树、直柳、河柳	杨柳科	柳属	102°47′25.03″	35°44′38.98″	150	1900	257	积石山县刘集乡河崖村高家地	正常	集体	一般保护
208	6229270245	青杆	Picea wilsonii	细叶云杉、魏氏云杉、华北云杉	松科	云杉属	102°47′21.45″	35°44′16.04″	180	2100	120	积石山县刘集乡河崖村委会	一般	个人	一般保护
209	6229270246	核桃	Juglans regia	绵核桃、波斯胡桃	胡桃科	胡桃属	102°51′43.22″	35°48′16.87″	100	1300	219	积石山县石塬乡石塬村下社连社	旺盛	个人	一般保护
210	6229270247	核桃	Juglans regia	绵核桃、波斯胡桃	胡桃科	胡桃属	102°47′14.43″	35°48′28.37″	260	3000	486	积石山县刘集乡陶家庙	一般	个人	一般保护
211	6229270248	核桃	Juglans regia	绵核桃、波斯胡桃	胡桃科	胡桃属	102°46′56.45″	35°48′28.75″	160	2700	460	积石山县刘集乡陶家	一般	集体	一般保护
212	6229270249	核桃	Juglans regia	绵核桃、波斯胡桃	胡桃科	胡桃属	102°45′51.12″	35°48′19.71″	100	1500	377	积石山县大河家镇甘河滩村4社	一般	集体	一般保护
213	6229270250	核桃	Juglans regia	绵核桃、波斯胡桃	胡桃科	胡桃属	102°51′36.07″	35°47′42.91″	279	1400	219	积石山县石塬乡苟家村新庄社	一般	集体	一般保护
214	6229270251	核桃	Juglans regia	绵核桃、波斯胡桃	胡桃科	胡桃属	102°52′16.14″	35°48′17.79″	160	800	439	积石山县石塬乡苟家村全下社	较差	集体	一般保护